玉米田杂草防治原色图鉴

张利辉　王艳辉　董金皋　主编

科学出版社

北　京

内 容 简 介

本书综合介绍了我国六大玉米产区的杂草发生种类、危害特点及防治方法，对各类杂草的识别要点进行了详细描述，内容包括了36科167种玉米田常见杂草的苗期、成株期、花、果实和危害状，并针对每一科杂草，结合玉米不同产区的区域和气候特点，提出了科学的防除方案。本书由长期从事玉米田杂草防治和植物学分类等相关工作的人员，在经过大量实地调查的基础上编写而成，采用图片和文字对照的形式，突出了各类杂草的形态特征、识别特点和田间危害状，图片清晰，识别准确，文字描述具有较强的专业性和针对性。

本书为我国玉米生产实践中不可多得的参考工具，适合大专院校学生、农业技术人员及广大农民朋友参阅。

图书在版编目（CIP）数据

玉米田杂草防治原色图鉴/张利辉，王艳辉，董金皋主编. —北京：科学出版社，2016.12

ISBN 978-7-03-047625-8

Ⅰ.①玉… Ⅱ.①张… ②王… ③董… Ⅲ.①玉米－田间管理－杂草－防治－图谱 Ⅳ.①S451.1-64

中国版本图书馆CIP数据核字（2016）第047343号

责任编辑：王　好　张海洋 / 责任校对：李　影
责任印制：肖　兴 / 封面设计：刘新新

*科 学 出 版 社*出版

北京东黄城根北街16号
邮政编码：100717
http://www.sciencep.com

中国科学院印刷厂 印刷

科学出版社发行　各地新华书店经销

*

2016年12月第　一　版　　开本：889×1194　1/16
2016年12月第一次印刷　　印张：14
字数：453 000

定价：150.00元

（如有印装质量问题，我社负责调换）

《玉米田杂草防治原色图鉴》
编写委员会

主　　编：张利辉　　王艳辉　　董金皋

编写人员：（按姓氏汉语拼音排序）

曹志艳	陈晓旭	崔丽娜	董本春	董金皋	冯　浩
冯　晔	付广辉	高丽辉	宫　帅	郭正宇	郝桂琴
洪德峰	黄吉美	贾　慧	贾　娇	姜　敏	孔晓民
李　坡	李秉华	李尚中	陆　晴	马俊峰	申　坤
时翠平	司贺龙	苏前富	王　磊	王　伟	王桂清
王绍新	王艳辉	魏　健	吴亦红	谢桂英	徐　韶
阎晓光	杨　娟	杨　鹏	杨艳红	尹宝颖	张　靖
张海剑	张金林	张利辉	张崎峰	张巍巍	张中东
赵　健	赵如浪	赵文路	周彦忠		

序

　　我国玉米产业技术发展战略归纳为"一机两改一保障"，第一次把农业植物保护上升到与栽培、育种和农机同等战略高度，这将促进农业植物保护研究与技术推广。

　　玉米是我国种植面积最大、总产量最高的粮食作物之一，在我国国民经济中占有重要地位。然而，因杂草危害每年使我国玉米减产 10% 左右，毋庸置疑，安全有效地防除玉米田杂草对维系玉米稳产高产意义重大。近年来，随着我国农业耕作制度的改变和机械化进程的加快，杂草的发生和危害也出现新变化，一些新的杂草开始侵入玉米田，这些变化为玉米田杂草的防除带来了新的挑战。加之，外来杂草，如黄顶菊、刺果瓜等也侵入农田，对玉米生产构成新的威胁。

　　杂草的识别是指导玉米田杂草防治的基础。《玉米田杂草防治原色图鉴》一书对玉米田主要杂草的识别、危害状及其防治做了较为详细的阐述，图片清晰，识别要点明确，有助于读者理解。该书除有关除草剂的理论外，还兼具以下几方面的特点。

　　（1）系统性。该书系统展示了分布于全国各玉米产区的 36 科 167 种杂草，针对每一种杂草，在识别特点上细致准确，图片力求涵盖从苗期、成株期、花、果实到危害状。针对每一科杂草和玉米不同产区的区域和气候特点，提出了科学的杂草防除方案，为我国玉米田杂草防控提供了依据。

　　（2）新颖性。该书是我国第一部玉米田杂草识别与防治的科学专著，图文并茂，收录的杂草种类齐全、生产危害严重，防除措施有效。在各科植物的排序中，突出了杂草在玉米田的发生危害程度，打破了以往杂草图谱以植物进化程度、亲缘关系进行排序的常规。为国家玉米产业技术体系，以及不同岗位的玉米科技工作者和大专院校师生提供了宝贵的专业信息，为玉米田杂草的防治提供了较全面的技术指导。

　　（3）权威性。该书的编写人员是长期从事植物学、杂草学、农药学教学和国家玉米产业体系的科技人员，他们长期在玉米生产、科研和教学一线，提供的资料系统、翔实，具有科学性、先进性和可操作性，且编写思路开阔、见解独到，读后甚是欣慰，该书的出版对我国的玉米生产将起到积极作用。

国家现代玉米产业技术体系首席科学家
中国农业科学院作物科学研究所研究员
2015 年 5 月 5 日

前言

玉米是我国第一大粮食作物，近年来年播种面积在 5 亿亩[①]以上，玉米的高产增收是关系国计民生的重大问题，而杂草的发生与危害已成为当前我国玉米高产、稳产和安全的重要制约因素之一。据调查，我国每年因草害造成的农作物产量损失为 10%~15%，杂草重发田产量损失高达 30%~50%，因此，人们把杂草的危害称为农作物田中的"绿色火焰"。

近十几年来，我国的玉米田杂草防除工作取得了长足进展，然而，在新的耕作制度下，杂草的发生与危害也呈现出了新的变化，在生产中出现的问题越发复杂化，主要表现在以下几个方面：①我国玉米田杂草的种类、发生规律、分布特点和消长动态等变化明显，玉米田恶性杂草危害猖獗；②玉米田杂草的识别难度大，尤其是苗期杂草在形态上很难区分；③人们对杂草危害的认识和估计不足，往往会错过最好的防治时机。鉴于此，我们组织了从事植物学、杂草学、农药学科研教学和玉米产业技术体系长期在玉米生产一线的科技人员编写了本书，旨在加强对杂草形态结构和危害状的识别，并针对我国不同生态产区、不同耕作制度，制订切实可行的杂草防治方案。

尽管目前国内已出版有关杂草识别和分类的图谱类专著，如河南农业大学张玉聚等著的《中国农田杂草防治原色图解》、南京农业大学强胜主编的《杂草学》等。但有关玉米田杂草识别和防治方面的原色图鉴尚未见出版。加之，近年来玉米田草害的发生和危害日趋严重，全国各地因使用除草剂导致的药害问题频频发生。本书是在编者连续多年对我国玉米田杂草进行全面系统调查、掌握田间杂草第一手资料的基础上，对玉米田杂草进行了分类、鉴定和识别，列出了各类杂草的识别要点、形态特征和防治方法，重点强调和突出了各类杂草的危害状，同时针对我国不同玉米产区和不同耕作制度的杂草发生种类和危害特点，科学地制定了因地制宜、操作性强的综合防治技术方案。

植物学分类是一项难度大、工作量较大的工作，且具有很强的专业性和经验性。本书的杂草分类和鉴定由长期从事植物学分类的编者参照《中国植物志》进行的，力求做到准确。

本书的编写工作得到了国家现代玉米产业技术体系和河北省科技支撑计划的大力支持，玉米体系首席专家张世煌研究员在百忙中为本书作序，南京农业大学强胜教授和中国农业科学院植物保护研究所李香菊研究员对本书进行了认真细致的修改，在此一并表示衷心的感谢！

由于编者水平所限，书中难免有疏漏和不妥之处，望专家和广大读者朋友不吝赐教！

张利辉　王艳辉　董金皋

河北农业大学

2015 年 9 月

---

① 1 亩≈ 666.7 m²，后同。

目录

第一章

玉米田杂草概述

全世界的玉米栽培面积和总产量仅次于小麦和水稻，其中面积大、总产量多的国家依次是美国、中国、巴西和墨西哥。我国 2015 年玉米种植面积达 5.7 亿亩，产量达 2.2 亿吨，总面积和总产量均已超过水稻和小麦跃居第一位。然而，玉米田杂草的发生与危害是制约玉米高产的重要因素之一。据调查，在全球 3 万余种杂草中，约有 1800 多种能够对各类农作物造成不同程度的危害。玉米田杂草发生种类多、数量大、发生期长、危害重，是影响玉米产量和品质的主要因素。杂草危害玉米后，与玉米植株争夺水肥等营养、争夺生存空间，抑或缠绕在玉米植株上为收获带来诸多不便，因而影响玉米的产量和品质。据统计，我国 2013 年玉米田草害面积 4.02 亿亩，占播种面积的 73.8%，严重地块减产 40% 以上。

第一节　玉米生育期及品种熟期类型划分

一、玉米生育期划分

玉米生长过程中，由于自身量变和质变的结果及环境变化的影响，不论外部形态特征还是内部生理特性，均发生了不同的阶段性变化，这些阶段性变化，称为生育期，各生育期及鉴别标准如下。

1. 出苗期

幼苗出土高约 2 cm。三叶期指植株第 3 片叶露出叶心 3 cm。

2. 拔节期

植株雄穗伸长，茎节总长度 2 ～ 3 cm。

3. 小喇叭口期

雌穗进入伸长期，雄穗进入小花分化期。

4. 大喇叭口期

雌穗进入小花分化期、雄穗进入四分体期，雄穗主轴中上部小穗长度达 0.8 cm 左右，棒三叶甩开呈喇叭口状。

5. 抽雄期

植株雄穗尖端露出顶叶 3 ～ 5 cm。

6. 开花期

植株雄穗开始散粉。

7. 吐丝期

植株雌穗的花丝从苞叶中伸出 2 cm 左右。

8. 籽粒形成期

植株果穗中部籽粒体积基本建成，胚乳呈清浆状，亦称灌浆期。

9. 乳熟期

植株果穗中部籽粒干重迅速增加并基本建成，胚乳呈乳状至糊状。

10.蜡熟期

植株果穗中部籽粒干重接近最大值,胚乳呈蜡状,用指甲可以划破。

11.完熟期

植株籽粒干硬,籽粒基部出现黑色层,乳线消失,并呈现出品种固有的颜色和光泽。一般大田或试验田,以全田 50% 以上植株完全成熟为进入该生育时期为标志。

二、玉米品种熟期类型划分

玉米品种熟期是玉米育种、引种、栽培以至生产上最为实用和普遍的类型划分。依据联合国粮农组织的国际通用标准,玉米的熟期类型可分为 7 个类型。

1.超早熟类型

植株叶数 8 ~ 11 片。生育期 70 ~ 80 天。在适宜的种植条件下,有些品系于授粉后仅 1 个月,就可产生有生命力的种子。

2.早熟类型

植株叶数 12 ~ 14 片。生育期 81 ~ 90 天。

3.中早熟类型

植株叶数 15 ~ 16 片。生育期 91 ~ 100 天。

4.中熟类型

植株叶数 17 ~ 18 片。生育期 101 ~ 110 天。

5.中晚熟类型

植株叶数 19 ~ 20 片。生育期 111 ~ 120 天。

6.晚熟类型

植株叶数 21 ~ 22 片。生育期 121 ~ 130 天。

7.超晚熟类型

植株叶数 23 片以上。生育期 131 ~ 140 天。

第二节　我国玉米栽培区域划分及杂草发生情况

玉米田杂草的发生和群落结构组成受到自然地理环境、农田生态条件及杂草管理等多方面因素的制约。调查发现,杂草的发生区域性较强,如潮湿多雨的东北玉米产区鸭跖草的发生呈上升态势,而冷凉寡雨的西北地区,播娘蒿、荠菜等常见于玉米田。玉米播种前或生长前期防治水平较高的地块,杂草发生较轻,但若遇降雨,则会有新的杂草出现,因此在田间既能观察到幼苗,又可看到成株期的杂草;尤其是杂草的严重发生往往在田边路旁,加之农民常防治耕地内的杂草,而忽视田边路旁的杂草(图 1-1 和

图 1-2），如此一来，杂草的种子经风力传播，其发生危害周而复始。因此，掌握不同产区的杂草发生情况和危害规律，对于杂草的防治和玉米的增产丰收至关重要。

▲ 图 1-1 玉米田边的杂草（北京，2014 年）　　▲ 图 1-2 玉米田边的杂草（河北，2014 年）

玉米主要分布于北纬 58° 至南纬 40° 的温带、亚带热和热带地区。玉米种植区域的形成和发展与自然资源的特点、社会经济因素和生产技术的变迁存在密切关系。我国玉米带纵跨寒温带、暖温带、亚热带和热带生态区，分布在低地平原、丘陵和高原山区等不同地形区域。北起黑龙江讷河，南到海南，均有玉米种植。根据不同地区温、光、水和无霜期等自然资源特点及玉米生长发育对资源条件的要求，将中国的主要玉米种植区划分为 6 个种植区，包括北方春播玉米区、黄淮海平原夏播玉米区、西南山地玉米区、南方丘陵玉米区、西北灌溉玉米区和青藏高原玉米区（图 1-3）。

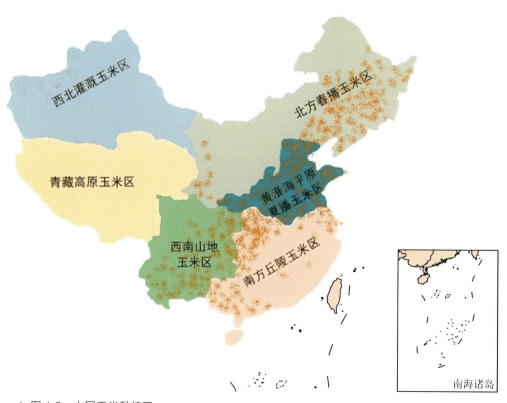

▲ 图 1-3 中国玉米种植区

（一）北方春播玉米区

北方春播玉米区自北纬40°起，经山海关至陕西西北灌溉玉米区的秦岭北麓以北地区，包括黑龙江、吉林、辽宁、宁夏和内蒙古的全部地区，山西大部，河北、陕西和甘肃的部分地区。该种植区属寒温带湿润、半湿润气候类型，气候冷凉，苗期常干旱，后期降温快，冬季低温干燥，无霜期130～170天；全年降水量400～800 mm，其中60%集中在7～9月。大部分地区温度适宜，日照充足，适于种植玉米。种植制度基本上为一年一熟制。栽培模式以平播为主，少数地区地膜覆盖。近年米推行深松改土的耕作栽培模式，该地区以春玉米为主，播种面积达2.2亿亩，玉米产量很高，最高产量达到15吨/hm²。

该种植区的杂草主要以马唐、牵牛、反枝苋、狗尾草、稗、刺儿菜、铁苋菜、苦苣菜、鸭跖草等危害较重；东北地区雨水较多的区域，如长春、沈阳、丹东等地玉米田，鸭跖草、问荆发生较多（图1-4～图1-7）。

▲ 图1-4　圆叶牵牛危害玉米（河北张家口，2013年）　　▲ 图1-5　鸭跖草危害玉米（辽宁沈阳，2012年）

▲ 图1-6　刺果瓜在玉米苗期危害（河北宣化，2014年）　　▲ 图1-7　刺果瓜在玉米成株期危害（河北宣化，2013年）

（二）黄淮海平原夏播玉米区

黄淮海平原夏播涉及黄河、海河和淮河流域，包括河南、山东、天津，河北大部，北京大部，山西、陕西中南部和江苏、安徽淮河以北区域，是我国玉米集中产区之一。该种植区属暖温带半湿润气候类型，地表水和地下水资源都比较丰富，灌溉面积占玉米种植面积的50%左右，无霜期170～220天；气温高，蒸发量大，降水量丰富但过分集中，夏季降水量占全年的70%以上，经常发生春旱夏涝，中后期多雨寡照；常有风、雹、盐碱、病虫害等发生。本区属于一年两熟生态区，栽培模式多为小麦-玉米两熟制。

该种植区气候潮湿，降水量较大，且小麦收获时留茬较高，增加了除草剂土壤封闭的难度，因而生长期后期杂草的发生较重，尤以禾本科杂草发生最重，其中免耕夏玉米草害面积占种植面积的98%以上；中等以上危害占85%以上。种植区北部杂草主要有马唐、牛筋草、稗、马齿苋、反枝苋、铁苋菜、苘麻等；南部杂草主要有马唐、牛筋草、千金子、马齿苋、粟米草、空心莲子草、青葙等。

（三）西南山地玉米区

西南山地玉米区也是中国的玉米主要产区之一，播种面积约7000万亩，包括云南、贵州、四川全部，陕西的南部，广西、湖南、湖北的西部丘陵山区和甘肃的一小部分。该种植区近90%的土地分布在丘陵山区和高原，河谷平原和山间平地占5%。海拔高，多数土地分布在海拔200～5000 m，种植业垂直分布特征十分明显。该种植区属温带和亚热带湿润、半湿润气候带，无霜期一般240～330天，雨量丰沛，水资源丰富，全年降水量800～1200 mm，但阴雨寡照天气在200天以上，经常发生春旱和伏旱。玉米有效生长期150～180天。土壤贫瘠，耕作粗放，病虫害复杂且危害较重，玉米产量很低。种植制度从一年一熟到一年多熟，多以春播为主，兼有夏播、秋播。

该种植区杂草种类非常复杂，地区间差异较大，其中四川以牛膝菊、通泉草、叶下珠等危害为主，广西以莲子草、野塘蒿、肖梵天花等危害为主。多年生杂草比例较大，少耕、温湿度适宜，部分山丘多年生杂草30%以上；难除杂草多，如双穗雀稗、狗牙根、毛臂形草、胜红蓟、牛膝菊、腺梗豨莶、香附子、异型莎草等；且杂草发生时间长，一次性施药防除困难。

（四）南方丘陵玉米区

南方丘陵玉米区分布范围广，包括广东、海南、福建、浙江、江西、台湾全部，江苏、安徽的南部，广西、湖南、湖北的东部。本种植区属亚热带和热带湿润气候。高温高湿，多雨，年降水量在1000～1800 mm，且分布均匀。但本地区的气候条件更适合种植水稻，所以玉米种植面积较小，约1500万亩，占全国种植面积的5%左右，以鲜食玉米为主。种植制度从一年两熟到三熟或四熟制，常年均可种植玉米，但主要作为秋冬季栽培。

丘陵地区地质复杂，杂草的种类较为丰富，马唐、牛筋草、稗、胜红蓟、香附子、臭矢菜、莲子草、粟米草、铁苋菜等杂草为优势种。

（五）西北灌溉玉米区

西北灌溉玉米区包括新疆的全部和甘肃的河西走廊及宁夏河套灌溉区。该地区日照充足，2600～3200 h/年，昼夜温差大，病虫害较少，对玉米生长发育和优质高产有利。降雨少，气候干燥，无霜期一般为130～180天，全年降水量不足200 mm，但灌溉农业系统较发达。该区域属于大陆性干燥气候带，种植业完全依靠融化雪水或河流灌溉。种植制度主要是一年一熟制春播玉米，播种面积约3000万亩。

西北地区气候较为冷凉，杂草发生以藜、灰绿藜、稗草、田旋花、大刺儿菜、冬寒菜、苣荬菜、扁蓄、绿狗尾、芦苇等为优势种。

（六）青藏高原玉米区

青藏高原玉米区包括青海和西藏，该种植区海拔高，是我国重要的牧区和林区，玉米是本区新兴的农作物之一，栽培历史很短，种植面积和总产量均不足全国的百分之一。

第二章

我国玉米田常见杂草

第一节 禾本科

禾本科植物为木本或草本。绝大多数植物具须根。茎多为直立，但亦有匍匐蔓延乃至藤状。禾本科植物适应性广，分布遍及全球，从热带至寒带，从平原到高山，乃至湖泊、沼泽、沙漠地区均有禾本科植物的踪迹。

禾本科植物危害玉米田的植物主要有马唐、牛筋草、虎尾草、狗尾草、金色狗尾草、白茅、鹅观草、披碱草、芦苇、荻、画眉草、稷、雀麦、野燕麦、丛生隐子草、稗等。防治方法：①玉米播后苗前土壤封闭处理：二甲戊灵、乙草胺、异丙甲草胺；②茎叶处理：玉米 3～5 叶期，用苯唑草酮、噻酮磺隆、硝磺草酮、砜嘧磺隆、烟嘧磺隆或莠去津等进行喷雾。

一、马唐 *Digitaria sanguinalis* (L.) Scop.

（一）识别要点

一年生草本。秆直立或下部倾斜，膝曲上升，高 10～80 cm，无毛或节生柔毛。叶鞘短于节间；叶舌长 1～3 mm；叶片线状披针形，长 5～15 cm，宽 4～12 mm，基部圆形，具柔毛或无毛。4～12 个

▲ A. 马唐危害状　　　　　　　　　　　　▲ C. 马唐花序

▲ B. 马唐群体　　　　　　　　　　　　　▲ D. 马唐花序小穗

总状花序成指状着生于主轴上；每节 2 小穗，同型，一小穗具柄，另一小穗无柄；小穗第一颖明显，三角形，较小；第一外稃之侧脉上部锯齿状，粗糙，顶端渐尖，但不生芒，亦无小尖头。颖果。

（二）发生与危害特点

种子繁殖。喜湿喜光，潮湿多肥的地块生长茂盛，4 月下旬至 6 月下旬发生量大，8 ～ 10 月结籽，种子边成熟边脱落，生活力强。成熟种子有休眠习性。茎直立或斜生，下部茎节着地生根，蔓延成片，难以拔除。全国各地均有分布，是旱秋作物、果园、苗圃的主要杂草。分布于北美和欧洲，见于草坪、田野和荒地。

二、牛筋草 *Eleusine indica* (L.) Gaertn

（一）识别要点

一年生草本。根系极发达。秆丛生，基部倾斜，高 10 ～ 90 cm。叶舌长约 1 mm；叶片线形，长 10 ～ 15 cm，宽 3 ～ 5 mm，无毛或正面被疣基柔毛。穗状花序 2 ～ 7 个指状着生于秆顶，长 3 ～ 10 cm，宽 3 ～ 5 mm；小穗长 4 ～ 7 mm，宽 2 ～ 3 mm，含 3 ～ 6 小花，两侧压扁，无柄，紧密地覆瓦状排列于宽扁的穗轴一侧，穗轴顶端具有顶生小穗；小穗轴无毛；脱节于颖上及诸小花之间。胞果卵形。

▲ A. 牛筋草危害状　　▲ B. 牛筋草植株

▲ C. 牛筋草群体　　▲ D. 牛筋草花序　　▲ E. 牛筋草花序小穗

（二）发生与危害特点

种子繁殖。5月出苗，易形成出苗高峰，于每年9月出现第二次出苗高峰。一般颖果于每年的7～10月成熟，随熟而落。种子经过冬季休眠而萌发。广泛分布于我国中北部地区。为玉米田危害较重的恶性杂草。

马唐、牛筋草特征比较

	相同点	不同点
马唐	花序分枝呈指状	小穗较纤细，宽2～2.5 mm；穗轴上每节2个小穗，一有柄，一无柄；小穗含1枚两性花
牛筋草	花序分枝呈指状	小穗较粗壮，宽2～3 mm；穗轴上每节1个小穗；小穗含3～6枚两性花

三、虎尾草 *Chloris virgata* Sw.

（一）识别要点

一年生草本。秆直立或基部膝曲，高12～75 cm。叶舌长约1 mm；叶片线形，长3～25 cm，宽3～6 mm。穗状花序5～10个，长1.5～5 cm，指状着生于秆顶，常直立而并拢成毛刷状；小穗无柄，成2行覆瓦状排列于穗轴的一侧；小穗含2～4小花，第一小花两性，上部其余小花退化不孕；第一外稃两侧压扁，中脉延伸成直芒，基盘被柔毛。颖果。

（二）发生与危害特点

种子繁殖。华北地区4～5月出苗，花期6～7月，果期7～9月。遍布全国各省区，是玉米田的重要杂草。

▲ A. 虎尾草危害状

▲ C. 虎尾草花序

▲ B. 虎尾草植株

四、狗尾草 *Setaria viridis* (L.) Beauv.

（一）识别要点

一年生草本。具须根；秆直立或基部膝曲，高 10 ～ 100 cm。叶边缘具较长纤毛；叶舌短；叶长三角状披针形或线状披针形，长 4 ～ 10 cm，宽 2 ～ 18 mm。圆锥花序紧密呈圆柱状，基部有时稍疏离，顶端稍狭尖或渐尖，长 2 ～ 15 cm，宽 4 ～ 13 mm（除刚毛外）；小穗 2 ～ 5 个簇生于主轴上；每小穗下具多数绿色、褐黄、紫红或紫色刚毛，长 4 ～ 12 mm；小穗顶端钝，长 2 ～ 2.5 mm；颖不等长。颖果。

（二）发生与危害特点

种子繁殖。耐干旱、耐瘠薄。4 ～ 5 月出苗，5 月中下旬形成生长高峰，以后随降雨及灌水还会出现小高峰；种子于 7 ～ 9 月陆续成熟。种子经冬眠后萌发。分布几遍全国，是玉米田的主要杂草之一，同时也可危害其他秋收作物。

▲ A. 狗尾草危害状

▲ B. 狗尾草花序

五、金色狗尾草 *Setaria glauca* (L.) Beauv.

（一）识别要点

一年生草本。茎秆直立或基部倾斜，近地面节上可生根，株高 20 ～ 90 cm。叶片线状披针形或狭披针形，长 5 ～ 40 cm，宽 2 ～ 10 mm，正面粗糙，背面光滑；叶舌由极短柔毛围成圈状。圆锥花序紧密成圆柱状或狭圆锥状，直立，长 3 ～ 17 cm，宽 4 ～ 8 mm（刚毛除外）；花序主轴每小枝的一簇小穗中仅一个发育成熟；小穗基部具金黄色或略带褐色刚毛，长 4 ～ 8 mm；小穗长 2.5 ～ 4 mm，有花 1 ～ 2 枚；外稃纸质，不具皱纹。颖果。

（二）发生与危害特点

种子繁殖。4 ～ 5 月出苗，5 月中下旬形成高峰，种子于 7 ～ 9 月陆续成熟。生于较潮湿农田、沟渠或路旁。分布几遍全国，是玉米田的主要杂草之一，同时也可危害其他秋收作物。

狗尾草、金色狗尾草特征比较

	相同点	不同点
狗尾草	花序圆柱状，小枝有短柄	花序每小枝可发育成熟小穗3至多个；小穗基部刚毛绿色或紫色
金色狗尾草	花序圆柱状，小枝有短柄	花序每小枝可发育成熟小穗1个；小穗基部刚毛金黄色

▲ A. 金色狗尾草危害状　　　　　▲ B. 金色狗尾草花序

六、白茅 *Imperata cylindrica* **(L.) Beauv.**

（一）识别要点

多年生草本。具粗壮的根状茎。秆直立，高 30 ～ 80 cm，具 1 ～ 3 节，节无毛，常为叶鞘所包。分蘖叶片长约 20 cm，宽约 8 mm，叶片窄线形，通常内卷，顶端渐尖呈刺状，下部渐窄；叶舌膜质。圆锥花序呈狭窄紧缩的圆柱状，长 20 cm，宽 3 cm，基盘具长 12 ～ 16 mm 的白色丝状柔毛；两颖近相等，具 5 ～ 9 脉；柱头 2，紫黑色，羽状。颖果。

（二）发生与危害特点

多以根状茎繁殖。苗期 3 ～ 4 月，花果期 4 ～ 6 月。分布全国，尤以黄河流域及以南地区发生较多。

▲ A. 白茅危害状

▲ B. 白茅植株

▲ C. 白茅花序

七、鹅观草 *Roegneria kamoji* Ohwi

（一）识别要点

一年生草本。秆直立或基部倾斜，高 30 ～ 100 cm。叶片扁平，长 5 ～ 40 cm，宽 3 ～ 13 mm。穗状花序长 7 ～ 20 cm，弯曲或下垂，其上小穗排列疏松；小穗无柄，长 13 ～ 25 mm（芒除外），含 3 ～ 10 小花；颖显著短于第一外稃，先端锐尖至具短芒；外稃具有较宽的膜质边缘，背部及基盘近于无毛；第一外稃长 8 ～ 11 mm，先端延伸成芒，芒长 20 ～ 40 cm，远较稃体为长；内稃约与外稃等长。颖果。

（二）发生与危害特点

种子繁殖。生于路边、山坡或草地，可危害玉米。分布于河北、山西、甘肃、青海及四川等省区。

▲ A. 鹅观草群体

▲ B. 鹅观草花序

八、披碱草 *Elymus dahuricus* Turcz.

（一）识别要点

多年生草本。秆疏丛，直立，高 70 ～ 140 cm。叶鞘光滑无毛；叶片扁平，正面粗糙，背面光滑，有时呈粉绿色，长 15 ～ 25 cm，宽 5 ～ 12 mm。穗状花序直立，较紧密，长 14 ～ 18 cm，宽 5 ～ 10 mm；中部每节具 2 小穗，顶端和基部各节只具 1 小穗；小穗含 3 ～ 5 小花；颖具 3 ～ 5 粗糙的脉而不具毛，先端具长 5 ～ 7 mm 的短芒；颖覆盖下部小花基部；外稃密生短小糙毛，第一外稃长 9 mm，先端延伸成芒，芒粗糙，长 10 ～ 20 mm；内稃与外稃等长。颖果。

（二）发生与危害特点

种子及根茎繁殖。花果期 7 ～ 10 月。全国各地均有分布。

▲ A. 披碱草危害状

▲ B. 披碱草花序

鹅观草、披碱草特征比较

	相同点	不同点
鹅观草	花序圆柱状，小穗无柄	花序每节含小穗 1 个
披碱草	花序圆柱状，小穗无柄	花序中部每节含小穗 2 个

九、芦苇 *Phragmites australis* (Cav.) Trin. ex Steud.

（一）识别要点

多年生草本。根状茎十分发达。秆直立，高 1 ～ 3 m，直径 1 ～ 4 cm，具 20 多节，节间最长可达 20 ～ 40 cm，节下被腊粉。叶舌边缘密生一圈短纤毛；叶片披针状线形，长 30 cm，宽 2 cm。圆锥花序大型，长 20 ～ 40 cm，宽约 10 cm，分枝长 5 ～ 20 cm，其上小穗稠密；小穗长 13 ～ 20 mm，含 4 花；外稃无毛；基盘延长，两侧密生等长于外稃的丝状柔毛。颖果。

▲ A. 芦苇植株

▲ B. 芦苇花序

每节 1 小穗，每小穗有数枚两性花

▲ C. 芦苇花序小枝

（二）发生与危害特点

种子及根茎繁殖。4～5月发芽出苗,8～9月开花。多生于低湿地或浅水中,尤以新垦农田危害较重。为全球广泛分布的多型种,在我国各省区广泛分布。

十、荻 *Triarrhena sacchariflora* (Maxim.) Nakai

（一）识别要点

多年生草本。具发达的根状茎。秆直立,高1～1.5 m,具10多节,节生柔毛。叶鞘无毛;叶舌、叶耳及叶基部具纤毛;叶片带状或宽线形,长20～50 cm,宽5～18 mm,两面无毛,边缘粗糙,呈锯齿状;中脉白色,粗壮。圆锥花序大型,长10～20 cm,宽约10 cm,具多数分枝;分枝每节具2小穗,一具短柄,一具长柄;小穗无芒;基盘具丝状柔毛,长为小穗2倍;第一颖与第二颖等长;柱头紫黑色。颖果。

（二）发生与危害特点

种子及根茎繁殖。花期7～8月,果期8～9月。常野生在于山坡、荒地、河滩、固定沙丘群及荒芜的低山孤丘上,繁殖力强,耐瘠薄土壤;有时在农耕地的田边、地埂上也有它的群落片断残存,可见于玉米田。东北、西北、华北及华东均有分布。

▲ A. 荻危害状

▲ B. 荻花序

每节有2小穗,小穗无芒,每小穗上1枚两性花

▲ C. 荻花序小枝

	相同点	不同点
芦苇	顶生圆锥花序，分枝较长	高 1～3 m；每小穗含多枚两性花
荻	顶生圆锥花序，分枝较长	高 1～1.5 m；每小穗含 1 枚两性花

十一、画眉草 *Eragrostis pilosa* (L.) Beauv.

（一）识别要点

一年生草本。秆丛生，直立或基部膝曲，高 15～60 cm。叶舌为一圈纤毛；叶片线形扁平或卷缩，长 6～20 cm，宽 2～3 mm，无毛。圆锥花序松散，长 10～25 cm，宽 2～10 cm；花序分枝腋间具柔毛；小穗长 3～10 mm，具柄，含 4～14 小花；第一颖不具脉，长 1 mm 以下，第二颖长约 1.5 mm；第一外稃具 3 脉，无芒；内稃稍弯曲。颖果，成熟时小穗脱节于颖上，每一节间和小花并不同时脱落。

（二）发生与危害特点

种子繁殖。5～7 月出苗。降雨和灌水后往往出现出苗高峰，花果期 7～10 月。种子经冬眠后萌发。全国各地均有分布，主要危害玉米及其他秋收作物，局部地区危害严重。

▲ A. 画眉草危害状　　▲ B. 画眉草植株　　▲ C. 画眉草花序

十二、稷 *Panicum miliaceum* L.

（一）识别要点

一年生草本。秆粗壮，直立或斜升，高 40～120 cm，单生或少数丛生。叶片线形或线状披针形，长 10～30 cm，宽 5～20 mm。圆锥花序，成熟时下垂，长 10～30 cm，无不育小枝，且穗轴亦不延伸出顶生小穗之上；小穗背腹压扁，卵状椭圆形，长 3～5 mm，具 2 小花，第二小花（谷粒）平滑；鳞被纸质，多脉；第一颖长为小穗的 1/3 以上；第二外稃背部圆形，厚于第一外稃及颖片，平滑，具 7 脉，无芒。颖果，成熟时脱节于颖之下。

（二）发生与危害特点

种子繁殖。花果期 9～11 月，种子休眠后春季萌发。为一般性杂草，发生量小，危害轻。广泛分布于我国东南部、南部、西南部和东北部。

▲ A. 稷斜升茎

▲ B. 稷直立茎

▲ C. 稷花序

▲ 雀麦群体

十三、雀麦 *Bromus japonicus* Thunb. ex Murr

（一）识别要点

一年生草本。秆直立,高 40～90 cm。叶鞘闭合;叶舌膜质;叶互生,叶片条形,长 12～30 cm,宽 4～8 mm。圆锥花序疏展,向下弯垂,具 2～8 分枝;小穗长圆状披针形,向上变窄,长 12～20 mm,宽约 5 mm,密生 7～11 小花;第一颖具 3～5 脉,第二颖具 7～9 脉,颖近等长,通常短于或等长于第一小花;外稃具 9 脉,先端下 1～2 mm 处,有长 5～10 mm 的芒伸出,芒成熟后外弯;内稃沿脊疏生细纤毛；子房先端具糙毛。颖果。

（二）发生与危害特点

种子繁殖。种子经夏季休眠后于每年 10 月出苗，10 月上中旬为出苗高峰，以幼苗越冬。花果期每年 5 ～ 7 月。在冷凉地区偶有危害玉米。

十四、野燕麦 *Avena fatua* L.

（一）识别要点

一年生草本。须根较坚韧。秆光滑无毛，高 60 ～ 120 cm，具 2 ～ 4 节。叶鞘松弛；叶舌透明膜质；叶呈两行互生，叶片线形，长 10 ～ 30 cm，宽 4 ～ 12 mm。圆锥花序开展下垂，长 10 ～ 25 cm；小穗长 18 ～ 25 mm，含 2 ～ 3 小花，小穗轴延伸于小花后；小穗轴密生淡棕色或白色硬毛；两颖近于等长，通常具 9 脉，第二颖等长或较长于第一小花；外稃质地坚硬，背面被疏密不等的硬毛，第一外稃长 15 ～ 20 mm，具 5 至多脉，芒自外稃背部伸出，长 2 ～ 4 cm，膝曲扭转。颖果。

▲ 野燕麦植株

（二）发生与危害特点

种子繁殖。花果期 4 ～ 9 月。春、秋季出苗，4 月抽穗，5 月成熟。生长快，强烈抑制作物生长。广布于我国南北各省，尤以西北和东北地区危害严重。

雀麦、野燕麦特征比较

	相同点	不同点
雀麦	圆锥花序，小枝柄较长	小穗中第二颖短于第一花
野燕麦	圆锥花序，小枝柄较长	小穗中第二颖长于第一花

十五、丛生隐子草 *Cleistogenes caespitosa* Keng

（一）识别要点

多年生草本。秆纤细，丛生，高 20 ～ 45 cm，直径 1 mm。叶鞘除鞘口外均平滑无毛；叶舌具纤毛；叶片线形，长 3 ～ 6 cm，宽 2 ～ 4 mm。圆锥花序稀疏，有时部分小穗隐藏叶鞘内；小穗长 5 ～ 11 mm，多少有柄，含 3 ～ 5 小花；颖卵状披针形，短于外稃；外稃具 5 脉，边缘具柔毛，第一外稃长 4 ～ 5.5 mm，先端具长 0.5 ～ 1 mm 的短芒；内稃与外稃近等长。颖果。

（二）发生与危害特点

种子及根茎繁殖。多生长在海拔 800 m 以下的阳坡、半阳坡或半阴坡。性耐旱、喜暖。5 月下旬返青，且生长很慢，雨季后开始迅速生长，7 ～ 8 月开花，9 月结实，10 月中旬枯黄。

▲ A. 丛生隐子草危害状　　　　　　　　　　　　　▲ B. 丛生隐子草花序

十六、稗 *Echinochloa crusgalli* (L.) Beauv.

（一）识别要点

一年生草本植物。秆高 50～150 cm，光滑无毛，植株基部常向外开展。叶鞘疏松裹秆；叶舌缺；叶片扁平，线形，长 10～40 cm，宽 5～20 mm。圆锥花序，分枝长 6～20 cm，斜上举或贴向主轴，无不育小枝，穗轴不伸出顶生小穗之上；小穗卵形，背复压扁，长 3～4 mm，具短柄或近无柄，排列于穗轴之一侧；二颖不等长；小穗常有 2 小花，第一小花多为无性花，其外稃顶端具长 0.5～3 cm 的芒，或有时无芒，从而形成多个变种；第二小花外稃厚于第一外稃及颖片，成熟后变硬，顶端具小尖头，边缘内卷，包着内稃，内稃露出较多。颖果。

▲ A. 稗危害状

▲ B. 稗植株

▲ C. 稗花序

（二）发生与危害特点

种子繁殖，生命力极强。晚春型杂草，正常出苗的杂草大致在 7 月上旬抽穗开花，8 月初果实逐渐成熟。分布几遍全国，以及全世界温暖地区，属世界性恶性杂草，主要发生于湿度较大的玉米田。

第二节　菊科

菊科共 13 族 1300 余属，近 25 000 ～ 30 000 种，除南极外，全球分布。中国约有 220 属近 3000 种，全国各地分布。

菊科植物中危害玉米田的主要有苍耳、刺儿菜、小蓬草、鳢肠、窄叶小苦荬、艾、鬼针草、紫茎泽兰、黄顶菊等 40 余种。主要防治方法：可在玉米播后苗前选用莠去津、乙草胺、异丙甲草胺进行土壤封闭处理，在玉米的 3 ～ 5 叶期选用氯氟吡氧乙酸、辛酰溴苯腈、烟嘧磺隆、莠去津、2,4- 滴丁酯、2- 甲 -4- 氯异辛酯等进行茎叶处理，玉米的生长后期如有零星发生则及时进行人工拔除。

一、苍耳 *Xanthium sibiricum* **Patrin ex Widder**

（一）识别要点

一年生草本，高 20 ～ 90 cm，被灰白色糙伏毛。叶互生，有长柄，叶片三角状卵形或心形，长 4 ～ 9 cm，宽 5 ～ 10 cm，近全缘，或有 3 ～ 5 个不明显浅裂，正面绿色，背面苍白色，被粗糙毛或短白伏毛，多数叶片具明显基生三出脉，侧脉弧形，直达叶缘。雄性的头状花序球形，直径 4 ～ 6 mm；雌性的头状花序椭圆形，内层总苞片结合成囊状，宽卵形或椭圆形。瘦果成熟时变坚硬，连同喙部长 12 ～ 15 mm，宽 4 ～ 7 mm，外面有疏生的具钩状的刺，刺极细而直，基部微增粗或几不增粗，长 1 ～ 1.5mm；喙坚硬，锥形，常不等长，少有结合而成 1 个喙。瘦果 2，倒卵形。

（二）发生与危害特点

种子繁殖。在我国北方，4 ～ 5 月萌发，花期 7 ～ 8 月，果期 9 ～ 10 月。种子经休眠后萌发。全国各地均有分布，为一种常见的田间杂草，在部分地区玉米田危害严重。

▲ A. 苍耳危害状

▲ C. 苍耳果穗

▲ B. 苍耳花序

▲ D. 苍耳果实

总苞较小，长12～15 mm；总苞外刺较短，通常1～1.5 mm

二、蒙古苍耳 *Xanthium mongolicum* Kitag.

（一）识别要点

一年生草本，高达 1 m 以上。茎直立，被短糙伏毛。叶互生，具长柄，宽卵状三角形或心形，长5～9 cm，宽4～8 cm，3～5 个浅裂，边缘有不规则的粗锯齿，具基生三出脉，正面绿色，背面苍白色，叶柄长4～9 cm。具瘦果的总苞成熟时变坚硬，椭圆形，绿色或黄褐色，连喙长18～20 mm，宽8～10 mm，顶端具 1 个或 2 个锥状的喙，喙直而粗，锐尖，外面具较疏的总苞刺，刺长2～5.5 mm，基部增粗，直径约 1 mm，顶端具细倒钩。瘦果 2 个，倒卵形。

（二）发生与危害特点

种子繁殖。花期7～8月，果期8～9月。生于干旱山坡或沙质荒地，可危害玉米田。分布于我国黑龙江、辽宁、内蒙古及河北。

▲ A. 蒙古苍耳果实

总苞较大，长达18～20 mm；总苞外刺较长，通常5 mm

▲ B. 蒙古苍耳植株

三、刺儿菜 *Cirsium setosum* (Willd.) MB.

（一）识别要点

多年生草本，高30～120 cm。叶互生，椭圆形、长椭圆形、披针形或椭圆状倒披针形，中部、下部叶长7～15 cm，宽1.5～10 cm，上部茎叶渐小，通常无叶柄；全部茎叶或不分裂，叶缘有针刺或刺齿，部分茎生叶羽状浅裂、半裂或边缘具粗大圆锯齿，齿顶及裂片顶端有针刺；全部茎生叶通常两面无毛、同色。头状花序单生茎端，或在茎枝顶端排成伞房花序；总苞卵形或卵圆形，直径1.5～2 cm，总苞片约6层，顶端有针刺；小花细管状，紫红色或白色。瘦果椭圆形；冠毛污白色。

（二）发生与危害特点

根芽繁殖为主，种子繁殖为辅。在我国北部最早于3～4月出苗，花期5～6月，果期6～10月。种子借风力飞散，实生苗当年只进行营养生长，翌年才能抽薹开花。全国均有分布和危害，以北方更为普遍。

▲ A. 刺儿菜危害状1

▲ B. 刺儿菜危害状2

▲ F. 刺儿菜花序 2　　▲ D. 刺儿菜幼苗

▲ E. 刺儿菜花序 1　　▲ C. 刺儿菜植株

四、小蓬草 *Conyza canadensis* (L.) Cronq.

（一）识别要点

一年生草本，高 50～100 cm 或更高。茎疏被硬毛，茎及叶两面均绿色。叶密集，下部叶倒披针形，长 6～10 cm，宽 1～1.5 cm，边缘具疏锯齿或全缘，具柄；中部、上部叶较小，渐无柄；两面或仅正面被疏短毛。头状花序多数，直径 3～4 mm，排列成顶生多分枝的大圆锥花序；总苞片 2～3 层；雌花舌状，白色，舌片小，稍超出花盘，线形；两性花管状淡黄色。瘦果线状披针形，长 1.2～1.5 mm；冠毛污白色。

（二）发生与危害特点

种子繁殖。花果期 5～10 月。常生长于旷野、荒地、田边和路旁，为一种常见的杂草。原产北美洲，现在各地广泛分布，我国南北各省区均有分布。

▲ A. 小蓬草危害状　　　▲ B. 小蓬草植株 1　　　▲ C. 小蓬草植株 2

基生叶边缘具
疏锯齿或全缘

▲ D. 小蓬草幼苗　　　　　　　　　▲ E. 小蓬草花序

五、香丝草 *Conyza bonariensis* (L.) Cronq.

（一）识别要点

一年生或二年生草本，高 20 ～ 50 cm。茎、叶密被贴生的短毛、杂疏长毛，植株呈灰绿色。叶密集，倒披针形或长圆状披针形，长 3 ～ 8 cm，宽 0.3 ～ 1 cm，通常具粗齿或羽状浅裂，上部叶全缘，基部叶具长柄，中部、上部叶渐无柄。头状花序多数，直径 5 ～ 10 mm，在茎端排列成总状花序或总状圆锥花序；总苞片 2 ～ 3 层，线形，背面密被灰白色短糙毛；雌花细管状，白色；两性花管状，淡黄色。瘦果线状披针形；冠毛 1 层，淡红褐色。

（二）发生与危害特点

种子繁殖。花果期 5 ～ 10 月。原产南美洲，现广泛分布于热带及亚热带地区，我国中部、东部、南部至西南部各省区均有发生，为一种常见的杂草。

植株密被短毛，
呈灰绿色

▲ A. 香丝草植株

茎生叶常见粗齿
或羽状浅裂

▲ B. 香丝草幼苗

▲ C. 香丝草花序

▲ D. 香丝草果序

小蓬草、香丝草特征比较

	相同点	不同点
小蓬草	茎及叶两面均绿色	头状花序直径较小，直径 3 ～ 4 mm
香丝草	植株密被短毛，呈灰绿色	头状花序直径较大，直径 5 ～ 10 mm

六、抱茎小苦荬 *Ixeridium sonchifolium* (Maxim.) Shih.

（一）识别要点

多年生草本，具白色乳汁，高 30 ～ 70 cm。叶互生，匙形、长倒披针形、长椭圆形或披针形，长

▲ A. 抱茎小苦荬群体

▲ B. 抱茎小苦荬植株 1

▲ C. 抱茎小苦荬植株 2

▲ D. 抱茎小苦荬幼苗

▲ E. 抱茎小苦荬花序

茎生叶最宽处在叶基，叶基耳状抱茎

3 ～ 8 cm；基生叶莲座状，多大头羽状深裂，侧裂片 3 ～ 7 对，或叶缘有锯齿，叶柄具翼；茎中部、上部茎叶多全缘，叶基心形或耳状抱茎；叶两面无毛。头状花序多数或少数，在茎枝顶端排成伞房花序或伞房圆锥花序；总苞 5 ～ 6 mm；舌状小花多数，黄色。瘦果纺锤形，喙短，长 0.5 ～ 0.8 mm；冠毛白色。

（二）发生与危害特点

种子繁殖。花期 6 ～ 7 月，果期 7 ～ 8 月。有时侵入农田，但易被铲除，对作物危害不大。广泛分布于华北、西北和东北等省区。

七、窄叶小苦荬 *Ixeridium gramineum* (Fisch.) Tzvel.

（一）识别要点

多年生草本，高 5 ～ 30 cm。茎低矮，主茎不明显。基生叶匙状长椭圆形、倒披针形或线形，包括叶柄长 3.5 ～ 7.5 cm，宽 0.2 ～ 0.6 cm，基部渐狭成或短或长的柄，叶缘多样，全缘、波状、边缘有齿，或羽状浅裂至深裂，侧裂片 2 ～ 7 对；茎生叶渐小，1 ～ 2 枚，基部无柄，略抱茎。头状花序通常在茎枝顶端排成伞房花序，含 15 ～ 27 枚舌状小花；总苞圆柱状，长 7 ～ 8 mm，总苞片 2 ～ 3 层，外层及最外层小；舌状小花黄色，极少白色或红色。瘦果红褐色，长椭圆形，长 2.5 mm，有 10 条高起的钝肋，向上渐狭成细丝状细喙，喙长 2.5 mm；冠毛白色。

（二）发生与危害特点

种子繁殖。花果期 1 ～ 10 月。全国各地均有分布。

▲ A. 窄叶小苦荬危害状　　▲ B. 窄叶小苦荬幼苗

▲ C. 窄叶小苦荬花序 1　　▲ D. 窄叶小苦荬花序 2

八、黄瓜菜 *Paraixeris denticulata* (Houtt.) Nakai.

（一）识别要点

一年生或二年生草本，高 30 ～ 120 cm。茎单生，直立，无毛。基生叶及下部茎叶花期枯萎脱落；中下部茎生叶最宽处在中部以上，为倒卵形、倒卵状椭圆形至披针形，不分裂，长 3 ～ 10 cm，宽 1 ～ 5 cm，基部耳状抱茎，边缘大锯齿或重锯齿或全缘；上部叶渐小。头状花序多数，在茎枝顶端排成伞房花序或伞房圆锥状花序；总苞片 2 层，外层极小，内层长；舌状小花黄色。瘦果长椭圆形，压扁，黑色或黑褐色，有 10 ～ 11 条高起的钝肋，具粗喙；冠毛白色，糙毛状，长 3.5 mm。

（二）发生与危害特点

种子繁殖。花果期 5 ～ 11 月。全国各地均有分布。

茎生叶最宽处在中部以上，叶基耳状抱茎

▲ A. 黄瓜菜植株

▲ B. 黄瓜菜花序

九、艾 *Artemisia argyi* Levl. et Van. var. *argyi*

（一）识别要点

多年生草本或略成半灌木状，植株有浓烈香气，高 80 ～ 150 cm。茎、枝均被灰色蛛丝状柔毛。叶互生，茎中部、下部叶为圆形、宽卵形、卵形或近菱形，长 5 ～ 8 cm，宽 4 ～ 7 cm，一（至二）回羽状深裂至半裂，裂片有时有 1 ～ 2 枚缺齿，具短柄；上部叶与苞片叶为椭圆形至线状披针形，3 裂或不裂；叶正面被灰白色短柔毛，并有白色腺点与小凹点，背面密被灰白色蛛丝状密绒毛。头状花序椭圆形，直径 2.5 ～ 3.5 mm，无梗或近无梗，在分枝上组成穗状或复穗状花序，在茎上组成圆锥花序；总苞片 3 ～ 4 层，中层总苞片较外层长；花狭管状，檐部紫色。瘦果长卵形或长圆形。

（二）发生与危害特点

根茎及种子繁殖。花果期 7 ～ 10 月。是发生量较大、危害较重的常见杂草，常见于玉米田边及路旁，广泛分布于荒地、林区等。我国大部分省区均有分布。

▲ A. 艾危害状

▲ B. 艾群体

▲ C. 艾的幼苗

叶二回羽状裂，裂片较宽

十、野艾蒿 *Artemisia lavandulaefolia* DC.

（一）识别要点

多年生草本，有时为半灌木状，植株有香气，高 50 ～ 120 cm。茎、枝被灰白色蛛丝状短柔毛。叶互生，基生叶与茎中部、下部叶宽卵形或近圆形，长 6 ～ 13 cm，宽 5 ～ 8 cm，一回或二回羽状全裂，裂

上部叶羽状全裂，裂片较窄

▲A.野艾蒿群落状

▲B.野艾蒿植株

▲C.野艾蒿花序

片椭圆形或长卵形，长 3 ~ 7 cm，宽 5 ~ 9 mm，每裂片具小裂片，具长柄；上部叶近无柄；叶两面异色，正面绿色，具密集白色腺点及小凹点，疏被柔毛，背面灰白色，密被绵毛。头状花序椭圆形或长圆形，直径 2 ~ 2.5 mm，在分枝上排成穗状或复穗状花序，在茎上组成圆锥花序；总苞片 3 ~ 4 层，外层背面密被灰白色或灰黄色蛛丝状柔毛；花冠管状，檐部紫红色。瘦果长卵形或倒卵形。

（二）发生与危害特点

种子繁殖。花期 7 ～ 9 月，果期 9 ～ 10 月。发生量大，危害较重，常见于玉米田边、路旁及荒地等。广泛分布于东北、华北、华南和云贵等省区。

十一、黄花蒿 *Artemisia annua* L.

（一）识别要点

一年生草本，植株有浓烈的挥发性香气，高 1 ～ 2 m。茎下部叶宽卵形或三角状卵形，长 3 ～ 7 cm，宽 2 ～ 6 cm，绿色，二回至四回栉齿状羽状深裂，小裂片边缘具多枚栉齿状深裂齿，裂齿长 1 ～ 2 mm，宽 0.5 ～ 1 mm，中轴两侧有狭翅而无小栉齿，稀上部有数枚小栉齿，有叶柄；上部叶近无柄。头状花序球形，直径 1.5 ～ 2.5 mm，组成开展、尖塔形的圆锥花序；花管状，深黄色。瘦果小，椭圆状卵形。

（二）发生与危害特点

种子繁殖。花果期 8 ～ 11 月。全国各地均有分布，为秋收作物田常见杂草，发生量小，危害轻。

▲A. 黄花蒿危害状

▲C. 黄花蒿幼苗

▲B. 黄花蒿植株

十二、茵陈蒿 *Artemisia capillaris* **Thunb.**

（一）识别要点

多年生草本，植株有香气，植株高 40 ～ 120 cm 或更高，初时全株密生灰白色或灰黄色柔毛，后期毛脱落。基生叶常莲座状，卵圆形或卵状椭圆形，长 2 ～ 5 cm，宽 1.5 ～ 3.5 cm，二回或三回羽状全裂，小裂片宽 0.5 ～ 2 mm，具叶柄；茎生叶互生，一回至三回羽状全裂，小裂片渐细长，呈毛发状，长 8 ～ 12 mm，宽 0.3 ～ 1 mm；中部、上部叶渐无柄。头状花序卵球形，直径 1.5 ～ 2 mm，极多数在茎上端组成大型、开展的圆锥花序；总苞片无毛；花托无托片；全为管状花，边缘雌花结实，盘花为两性花，不结实。瘦果长圆形或长卵形。

（二）发生与危害特点

种子繁殖。花果期 7 ～ 10 月。广泛分布于我国东北、华北、华南、华东及台湾等省区。

▲ A. 茵陈蒿田间为害状

▲ B. 茵陈蒿植株

二回羽状全裂，小裂片楔形，两面密生柔毛

▲ C. 茵陈蒿基生叶

▲ D. 茵陈蒿花序

十三、小花鬼针草 *Bidens parviflora* **Willd.**

（一）识别要点

一年生草本，高 20 ～ 90 cm。叶对生，具柄，叶片二至三回羽状分裂，长 6 ～ 10 cm，第一次分裂深达中肋，裂片再次羽状分裂，最后一次裂片条形或条状披针形，宽约 2 mm；上部叶互生，一回或二回羽状分裂。头状花序单生枝端，具长梗，开花时直径 1.5 ～ 2.5 mm；总苞筒状；无舌状花，盘花筒状。瘦果条形，顶端芒刺 2 枚。

（二）发生与危害特点

种子繁殖。4 ～ 5 月出苗，8 ～ 10 月开花结果。分布于东北、华北、西南及山东、河南、陕西、甘肃等省区。发生量小，危害不大。

▲ A.小花鬼针草幼苗　　叶三回羽状分裂　　▲ B.小花鬼针草果实　　无舌状花

十四、婆婆针 *Bidens bipinnata* **L.**

（一）识别要点

一年生草本，高 30 ～ 120 cm，下部略具四棱。叶对生，具柄，叶片二回羽状分裂，长 5 ～ 14 cm，第一次回全裂，小裂片三角状或菱状披针形，深裂或具粗齿。头状花序直径 6 ～ 10 mm；舌状花黄色，通常 1 ～ 3 枚；盘花筒状，黄色。瘦果条形，顶端芒刺 3 ～ 4 枚，很少 2 枚，具倒刺毛。

（二）发生与危害特点

种子繁殖。4 ～ 5 月出苗，8 ～ 10 月开花结果。全国各地均有分布。

▲ A. 婆婆针危害状　　　　　▲ B. 婆婆针幼苗

叶二回羽状裂

▲ C. 婆婆针花序　　　　　▲ D. 婆婆针果实

顶端芒刺 3～4 枚

十五、白花鬼针草 *Bidens pilosa* L. var. *radiata* Sch.-Bip.

（一）识别要点

一年生草本。茎直立，高 30～100 cm。叶对生，茎下部叶 3 裂或不分裂；中部叶为三出复叶，小叶边缘有锯齿，具叶柄；顶生小叶较大，长椭圆形或卵状长圆形，长 3.5～7 cm；两侧小叶较小，椭圆形或卵状椭圆形；上部叶小，3 裂或不分裂。头状花序直径 8～9 mm，有长的花序梗；苞片 7～8 枚；花序边缘具舌状花 5～7 枚，白色，长 5～8 mm，宽 3.5～5 mm，先端钝或有缺刻；盘花筒状，长约 4.5 mm。瘦果条形，上部具稀疏瘤状突起及刚毛，顶端芒刺 2～4 枚。与鬼针草原变种的区别主要在于鬼针草头状花序中无舌状花。

（二）发生与危害特点

种子繁殖。4～5 月出苗，8～10 月开花结果。全国各地均有分布。

▲ A. 白花鬼针草花序　　　　　　　　　▲ B. 白花鬼针草花序与果实

十六、金盏银盘 *Bidens biternata* (Lour.) Merr. et Sherff.

（一）识别要点

一年生草本，高 30 ～ 150 cm。叶对生，三出复叶或二回羽状复叶，叶两面均被柔毛；小叶卵形、长圆状卵形或卵状披针形，长 2 ～ 7 cm，宽 1 ～ 2.5 cm，边缘具锯齿，有时一侧深裂为一小裂片。头状花序直径 7 ～ 10 mm，生于茎顶端；舌状花通常 3 ～ 5 枚，舌片淡黄色，或有时无舌状花；盘花筒状。瘦果条形，顶端芒刺 3 ～ 4 枚。

（二）发生与危害特点

种子繁殖。4 ～ 5 月发芽，7 ～ 8 月开花结果。适应性强，分布广，常危害玉米、棉花、甘薯和大豆，为一般性杂草。

▲ A. 金盏银盘危害状　　　　　　　　　▲ B. 金盏银盘植株

▲ C.金盏银盘花序

▲ D.金盏银盘果实

十七、大狼杷草 *Bidens frondosa* L.

（一）识别要点

一年生草本，高 20 ～ 120 cm。茎常带紫色。叶对生，具柄，为一回羽状复叶；小叶 3 ～ 5 枚，披针形，长 3 ～ 10 cm，宽 1 ～ 3 cm，边缘有粗锯齿，至少顶生者具明显的柄。头状花序单生枝顶，外层苞片通常 8 枚，披针形或匙状倒披针形，叶状，长 1 ～ 4 cm；内层苞片长圆形，长 5 ～ 9 mm，膜质，具淡黄色边缘；无舌状花或舌状花不发育；筒状花两性。瘦果狭楔形，顶端具芒刺 2 枚。

▲ A.大狼杷草危害状

叶状总苞片 5 ～ 12 枚，条状匙形；无舌状花

▲ B.大狼杷草植株

▲ C. 大狼杷草幼苗

▲ D. 大狼杷草花序

（二）发生与危害特点

种子繁殖。适应性强。花果期 7 ～ 10 月。生于田野湿润处，发生量小，危害轻，是一般性杂草。

鬼针草属5种植物特征比较

	相同点	不同点
小花鬼针草	叶二至三回羽状分裂，小裂片细，边缘有裂片	无舌状花
婆婆针	叶二回羽状分裂，小裂片较宽，边缘有粗齿	舌状花明显，黄色
白花鬼针草	三出复叶，偶见羽状复叶	舌状花明显，白色
金盏银盘	三出复叶或二回羽状复叶	舌状花明显，黄色
大狼杷草	羽状复叶	无舌状花或舌状花不明显；花序外层总苞片较长，叶状

十八、波斯菊 *Cosmos bipinnata* Cav.

（一）识别要点

一年生或多年生草本，高 1 ～ 2 m。茎无毛或稍被柔毛。单叶对生，长约 10 cm，二回羽状全裂，裂片狭线形，全缘无齿。头状花序单生，直径 3 ～ 6 cm，花序梗细长 6 ～ 18 cm，总苞片 2 层；舌状花紫红色、粉红色或白色，舌片长 2 ～ 3 cm，宽 1.2 ～ 1.8 cm，有 3 ～ 5 个钝齿；管状花黄色。瘦果黑紫色，上端具长喙，有 2 ～ 3 个尖刺。

（二）发生与危害特点

种子繁殖。花期 6 ～ 8 月，果期 9 ～ 10 月。常发生于在路旁、田埂或溪岸，偶有危害玉米田，全国各地均有分布。

▲ A. 波斯菊危害状

▲ B. 波斯菊幼苗

裂片狭线形，长可达 10 cm

十九、鳢肠 *Eclipta prostrata* (L.) L.

（一）识别要点

一年生草本，高 60 cm。茎上长有贴生糙毛。叶对生，叶片长圆状披针形或披针形，长 3～10 cm，宽 0.5～2.5 cm，顶端锐尖或渐尖，边缘有细锯齿或仅波状，两面被密硬糙毛，无柄或有短柄。头状花序直径 6～8 mm；总苞片 2 层，外层较内层稍短；边花为舌状花，2 层，白色，舌片长 2～3 mm，顶端

▲ A. 鳢肠危害状

▲ B. 鳢肠植株

叶对生

▲ C. 鳢肠叶和花序

▲ D. 鳢肠花序

舌状花多个，2层，舌片白色

2 浅裂或全缘；盘花为管状花，白色，顶端 4 齿裂；花托凸，有披针形或线形的托片。瘦果暗褐色，长 2.8 mm，雌花的瘦果三棱形，两性花的瘦果扁四棱形。

（二）发生与危害特点

种子繁殖。花期 6 ～ 9 月。常见于田边、路旁或河边。分布于全国各地。

二十、紫茎泽兰 *Eupatorium adenophorum* Spreng

（一）识别要点

多年生草本或亚灌木，高 20 ～ 200 cm。茎直立，呈暗紫褐色，被腺状短柔毛。叶对生，叶片呈三角状卵形、菱状卵形或菱状三角形，长 4 ～ 10 cm，宽 2 ～ 7 cm，边缘具圆锯齿。头状花序通常在茎枝顶端排成伞房花序或复伞房花序，花序直径约 6 mm，无毛，具多数小窝孔，有 40 ～ 50 枚小花；花冠白色，极稀淡黄色或淡红色，长 3.5 ～ 4 mm，冠管极细，与冠檐近等长或稍长。瘦果黑褐色。

（二）发生与危害特点

种子繁殖。花期 11 月至翌年 4 月，果期 3 ～ 4 月。生活力强，适应性广，有强烈的化感作用，易成为群落中的优势种，甚至发展为单一优势群落。分布于中国云南、贵州、四川、广西、西藏等省区。

▲ A. 紫茎泽兰危害状　　　　　▲ B. 紫茎泽兰群体

二十一、牛膝菊 *Galinsoga parviflora* Cav. Ic. et Descr.

（一）识别要点

一年生草本，高 10～80 cm。茎枝被短柔毛。叶对生，卵形、长椭圆状卵形或披针形，长 (1.5～)2.5～5.5 cm，宽 (0.6～) 1.2～3.5 cm，有叶柄，叶两面粗涩，被短柔毛，边缘具钝锯齿，在花序下部的叶有时全缘或近全缘。头状花序半球形，有长花梗，多数在茎枝顶端排成疏松的伞房花序，花序直径约 3 cm；边花为舌状花，4～5 朵，白色，顶端 3 齿裂，外面被稠密白色短柔毛；盘花为管状花，黄色。瘦果黑色或黑褐色，常压扁；舌状花冠毛毛状，管状花冠毛膜片状。

▲A. 牛膝菊危害状　　▲B. 牛膝菊群体

▲C. 牛膝菊幼苗

▲D. 牛膝菊叶和花序　　▲E. 牛膝菊花序

舌状花 4～5 枚，舌片白色，顶端 3 齿裂

（二）发生与危害特点

种子繁殖。花果期 7 ~ 10 月。分布于四川、云南、贵州、西藏等省区。

二十二、黄顶菊 *Flaveria bidentis* (L.) Kuntze.

（一）识别要点

一年生草本植物，高 25 ~ 200 cm。叶对生，长椭圆形至披针状椭圆形，长 6 ~ 18 cm，宽 2.5 ~ 4 cm，叶缘有整齐锯齿，具基生三出脉，侧脉在叶背面明显，具叶柄，向上渐无柄。头状花序，多数于枝顶排列成聚伞花序状；总苞片 3 ~ 4 个；小苞片 1 ~ 2 个，长 1 ~ 2 mm；边花舌状，鲜黄色，花冠舌片短，不突出或微突出闭合的小苞片外；盘花漏斗状，5 ~ 15 枚。瘦果倒披针形或近棒状，黑色，稍扁；无冠毛。

（二）发生与危害特点

黄顶菊又称二齿黄菊。4 ~ 8 月为营养生长期，生长迅速，9 月中下旬开花，10 月底种子成熟，结实量极大，具备入侵植物的基本特征。起源于南美洲，主要分布于西印度群岛、墨西哥和美国的南部，后传播到埃及、南非、英国、法国、澳大利亚和日本等地。黄顶菊传入我国的途径和时间至今不明确，2001 年后相继出现在我国河北的衡水、邢台、廊坊和天津等地。

▲ A. 黄顶菊危害状

▲ B. 黄顶菊群体

▲ C. 黄顶菊幼苗

D. 黄顶菊叶片

▲ E. 黄顶菊花序 1

▲ F. 黄顶菊花序 2

二十三、腺梗豨莶 *Siegesbeckia pubescens* Makino

（一）识别要点

一年生草本，高 30 ～ 110 cm，被毛。叶对生，中部叶卵圆形或卵形，长 3.5 ～ 12 cm，宽 1.8 ～ 6 cm，上部叶渐小，披针形或卵状披针形，叶基部下延，使叶柄具翼，叶缘有粗齿，基生三出脉，两面被平伏短柔毛。分枝上部、花梗及苞片外均密生紫褐色头状具柄腺毛和长柔毛。头状花序直径 18 ～ 22 mm，排列成松散的圆锥花序；花黄色，边花为舌状花，盘花为管状花。瘦果倒卵圆形，4 棱。

▲ A. 腺梗豨莶危害状

▲ B. 腺梗豨莶幼苗

▲ C. 腺梗豨莶叶片

▲ D. 腺梗豨莶花序

花梗及苞片外密生具柄腺毛和长柔毛 •

（二）发生与危害特点

种子繁殖。花期 5 ～ 8 月，果期 6 ～ 10 月。中生性杂草，主要危害旱田作物，如玉米、高粱。

二十四、三裂叶豚草 *Ambrosia trifida* L.

（一）识别要点

一年生粗壮草本，高 50 ～ 120 cm，有时可达 170 cm。叶对生，有时互生，下部叶 3 ～ 5 裂，上部

▲ A. 三裂叶豚草群体

▲ B. 三裂叶豚草幼苗

▲ C. 三裂叶豚草花序

叶 3 裂或有时不裂，裂片卵状披针形或披针形，边缘有锐锯齿，基生三出脉，正面深绿色，背面灰绿色，两面被短糙伏毛，叶柄边缘有窄翅。雄头状花序多数，圆形，直径约 5 mm，在枝端密集成总状花序；雌头状花序在雄头状花序下面，在叶状苞叶的腋部聚作团伞状，具一个无被的雌花。瘦果倒卵形，藏于坚硬的总苞中。

（二）发生与危害特点

种子繁殖。北方 5 月出苗，7 ～ 8 月开花，8 ～ 9 月结实。生育期 5 ～ 6 个月，平均每株成株产籽 2000 ～ 8000 粒，随熟随落。发生量大，危害重，是区域性恶性杂草。

二十五、苦苣菜 *Sonchus oleraceus* L.

（一）识别要点

一年生或二年生草本。茎直立，高 40 ～ 150 cm，茎枝光滑无毛，有时花序及花序梗被腺毛。叶披针形、长椭圆形或倒披针形，长 3 ～ 12 cm，宽 2 ～ 7 cm；茎生叶多羽状深裂或大头状羽状深裂，侧生裂片

▲ A. 苦苣菜植株 1

▲ B. 苦苣菜植株 2

叶基急尖成耳状，抱茎
▲ C. 苦苣菜叶

头状花序含小花 80 枚以上
▲ D. 苦苣菜花序

1 ～ 5 对，叶基部渐宽大，成戟状或耳状抱茎，部分叶不裂，全部叶或裂片边缘有大小不等的急尖锯齿或大锯齿，两面无毛。头状花序单生茎枝顶端，或排列成伞房花序或总状花序；总苞光滑无毛；具 80 枚以上舌状花，花黄色。瘦果长椭圆形，有横皱纹，每面有 3 条细纵肋；冠毛白色。

（二）发生与危害特点

种子繁殖。花果期 5 ～ 12 月。为玉米田常见杂草，全国各地均有分布。

二十六、长裂苦苣菜 *Sonchus brachyotus* DC.

（一）识别要点

多年生草本，具白色乳汁，高 30 ～ 150 cm。叶互生，披针形、长椭圆形至倒披针形，长 6 ～ 19 cm，宽 1.5 ～ 2.1 cm，茎上部叶渐小，叶羽状深裂、半裂或浅裂，极少不裂，向下渐狭，无柄或具短翼柄，基部多圆耳状扩大、半抱茎，侧裂片 3 ～ 5 对，叶两面光滑无毛。头状花序在茎枝顶端排成伞房状花序；苞片外光滑无毛；舌状花多数，黄色。瘦果长椭圆形，每面有 5 条细肋，肋间有横皱纹；冠毛白色。

▲ A. 长裂苦苣菜田间危害状 1

▲ C. 长裂苦苣菜花序 1

头状花序含小花 80 枚以上

▲ D. 长裂苦苣菜花序 2

叶浅裂；叶基圆耳状、半抱茎

▲ B. 长裂苦苣菜田间危害状 2

（二）发生与危害特点

种子繁殖。花果期5～9月。为玉米田常见杂草，全国各地均有分布。

二十七、湿生鼠麴草 *Gnaphalium tranzschelii* Kirp.

（一）识别要点

一年生草本。茎直立，高20～40 cm或更高，密被白色绒毛，常丛生。茎生叶长圆状线形或线状披针形，长2～4 cm，稀达7 cm，宽2～5 mm，无明显叶柄，全缘，两面被白色绒毛；顶端叶密集于花序下面。头状花序通常有短柄，直径约4.5mm，在茎及枝顶端密集成团伞花序状或近球状的复式花序；总苞片2～3层，黄褐色；头状花序中雌花极多，150枚以上，雌花花冠丝状，长2～2.5 mm，两性花少数，通常7～8枚。瘦果纺锤形；冠毛白色。

（二）发生与危害特点

种子繁殖。花期7～10月。生于湿润草地、路旁、河边及沟谷中，可危害玉米。产于辽宁、吉林、黑龙江等省区。

▲ A. 湿生鼠麴草危害状

▲ B. 湿生鼠麴草植株

▲ C. 湿生鼠麴草花序

二十八、蒲公英 *Taraxacum mongolicum* Hand.-Mazz.

（一）识别要点

多年生草本。叶倒卵状披针形至长圆状披针形，长4～20 cm，宽1～5 cm，边缘多逆向羽状深裂，有时大头羽状深裂；裂片3～5对，三角形或三角状披针形，通常全缘或具齿；具叶柄，叶柄及主脉常带红紫色。花葶1至数个，与叶等长或稍长，上部多为紫红色，密被蛛丝状白色长柔毛；头状花序直径3～4 cm；总苞钟状，苞片2～3层，外层总苞片先端增厚或具角状突起，内层具小角状突起；舌状花黄色。瘦果倒卵状披针形，暗褐色；冠毛白色。

（二）相似种

蒲公英属有70余种植物，均具叶莲座状基生、有乳汁、花序中全为舌状花、花黄色或白色等共同特点，依据外层总苞片、瘦果、喙、冠毛等的形状、大小、颜色、质地和其上突出物等特征进行鉴别。很多同种植物叶形变化较大，叶可从深裂至近全缘，因而难以单纯根据叶形分辨本属植物。

（三）发生与危害特点

种子和根芽繁殖。花果期4～10月。在我国分布于东北、华北、西北及西南等省区。

▲ A. 蒲公英植株

▲ B. 蒲公英花序

二十九、华蒲公英 *Taraxacum borealisinense* Kitam.

（一）识别要点

多年生草本，有白色乳汁。叶基生，倒卵状披针形或狭披针形，长4～12 cm，宽0.6～2 cm；底层叶羽状浅裂或全缘，具波状齿；内层叶倒向羽状深裂，顶裂片较大，长三角形或戟状三角形；每侧裂片3～7片。花葶1至数个，长于叶；头状花序；总苞小，长8～12 mm，总苞片3层，先端淡紫色，无增厚，亦无角状突起，或有时有轻微增厚；舌状花黄色，稀白色。瘦果倒卵状披针形，上部有刺状突起，下部有稀疏的钝小瘤，喙长3～4.5 mm；冠毛白色。

（二）发生与危害特点

种子和根芽繁殖。花果期6～8月。

总苞片顶端无增厚，亦无角状突起
▲ A. 华蒲公英植株

▲ B. 华蒲公英花序

▲ C. 华蒲公英幼苗

三十、芥叶蒲公英 *Taraxacum brassicaefolium* **Kitag.**

（一）识别要点

多年生草本，具乳汁。叶基生，宽倒披针形或宽线形，叶较长，长 10～35 cm，宽 2.5～6 cm，羽状深裂或大头羽裂半裂，基部渐狭成短柄，具翅；顶端裂片近等边三角形，全缘。花葶数个，高 30～

叶较长，长 10～35 cm

▲ A. 芥叶蒲公英植株

总苞苞片先端 具短角状突起； 内层苞片先端 带紫色

▲ B. 芥叶蒲公英花序

▲ C. 芥叶蒲公英冠毛

50 cm，常为紫褐色；头状花序直径达 55 mm，全为舌状花；总苞苞片狭卵形或线状披针形，先端具短角状突起；内层苞片先端带紫色；花序托具托片；舌状花黄色，边花舌片背面具紫色条纹。瘦果倒卵状长圆形，喙长 10 ～ 15 mm；冠毛白色。

（二）发生与危害特点

种子繁殖。花果期 4 ～ 7 月。分布于黑龙江、吉林、辽宁、内蒙古东部及河北东部等省区。

蒲公英属3种植物特征比较

	相同点	不同点
蒲公英	叶较短，4 ～ 20 cm	叶缘多逆向羽状深裂；花托无托片
华蒲公英	叶较短，4 ～ 12 cm	叶缘多羽状浅裂或全缘；花托无托片
芥叶蒲公英	叶较长，可达 35 cm	羽状深裂或大头羽裂半裂；花托有托片

三十一、线叶旋覆花 *Inula lineariifolia* Turcz.

（一）识别要点

多年生草本，高 30 ～ 80 cm，有稍密的叶，节间长 1 ～ 4 cm。叶互生，线状披针形或椭圆状披针形，长 5 ～ 15 cm，宽 0.7 ～ 1.5 cm，下部渐狭成长柄，边缘常反卷，有不明显的小锯齿。头状花序直径 1.5 ～ 2.5 cm，在枝端单生或 3 ～ 5 个排列成伞房状；总苞半球形，总苞片约 4 层，多少等长或外层较短，但有时最外层叶状，较总苞稍长；边花为舌状花，黄色，舌片长圆状线形，长达 10 mm；盘花为管状花。瘦果圆柱形，有细沟，被短粗毛；冠毛 1 层，白色，与管状花花冠等长，有多数微糙毛。

▲ A. 线叶旋覆花植株

▲ B. 线叶旋覆花花序

种子及根茎繁殖。花期 7 ～ 9 月，果期 8 ～ 10 月。分布于我国东北和华北等省区。

三十二、旋覆花 *Inula japonica* Thunb.

（一）识别要点

多年生草本，高 30 ～ 70 cm，基部被长伏毛，有时脱毛。叶互生，长圆形至披针形，长 4 ～ 13 cm，宽 1.5 ～ 3.5 cm，基部半抱茎，无柄，边缘有小尖头状疏齿或全缘，中脉和侧脉有较密的长毛。头状花序直径 3 ～ 4 cm，排列成疏散的伞房花序；总苞片多层，线状披针形，最外层常较长；花黄色，边花舌状，长 10 ～ 13 mm；盘花管状。瘦果圆柱形；冠毛全部毛状，白色。

（二）发生与危害特点

种子及根茎繁殖。花期 6 ～ 10 月，果期 9 ～ 11 月。分布于我国北部、东北部、中部、东部各省，极常见，在四川、贵州、福建、广东也可见到，发生量小、危害轻。

▲ A. 旋覆花稀体

叶较宽
1.5 ～ 3.5 cm

▲ B. 旋覆花花序

三十三、节毛飞廉 *Carduns acanthoides* L.

（一）识别要点

二年生或多年生草本，高 20 ～ 100 cm。茎、枝被稀疏长节毛。叶互生，茎下部叶长椭圆形或长倒披针形，长 6 ～ 29 cm，宽 2 ～ 7 cm，羽状浅裂至深裂，侧裂片边缘有三角形刺齿，齿缘有针刺，长刺可达 3 mm，上部叶渐窄小，有时不裂；全部茎生叶两面同色，绿色；叶基部沿茎下延成具齿刺的翅。头状花序较小，花序梗短，3 ～ 5 个排列于茎顶或枝端；总苞卵形或卵圆形，直径 1.5 ～ 2.5 cm，总苞片多层，中外层苞片顶端有长 1 ～ 2 mm 的针刺；小花管状，红紫色。瘦果长椭圆形，但中部收窄；冠毛多层，白色。

（二）发生与危害特点

种子及根茎繁殖。花果期 5 ～ 10 月。全国各地均有分布。

▲ A. 节毛飞廉植株及危害状　　　　▲ B. 节毛飞廉花序

刺菜、节毛飞廉特征比较

	相同点	不同点
刺菜	叶缘具刺，头状花序，管状花紫色	叶片未沿茎下延
节毛飞廉	叶缘具刺，头状花序，管状花紫色	叶片沿茎下延成翅

三十四、麻花头 *Serratula centauroides* L.

（一）识别要点

多年生草本，高 40 ～ 100 cm，中部以下被稀疏的或稠密的节毛。基生叶及下部叶长椭圆形，长 8 ～ 12 cm，宽 2 ～ 5 cm，羽状深裂，有叶柄，侧裂片 5 ～ 8 对；上部叶渐无柄；全部叶两面粗糙，两面被毛。头状花序，少数，生茎枝顶端；总苞卵形或长卵形，总苞片 10 ～ 12 层，向内层渐长，外层与中层顶端有长 2.5 mm 的短针刺或刺尖；全部为管状小花，红色、红紫色或白色，花冠裂片较长，长 7 mm。瘦果楔状长椭圆形，褐色；冠毛褐色，糙毛状。

（二）发生与危害特点

种子及根茎繁殖。花果期 6 ～ 9 月。生于山坡、草原、草甸、路旁或田间。分布东北和华北等省区。

▲ A. 麻花头植株　侧裂片长椭圆形至宽线形

▲ B. 麻花头花序 1

▲ C. 麻花头花序 2　花冠裂片大，长 7 mm

三十五、泥胡菜 *Hemistepta lyrata* (Bunge) Bunge

（一）识别要点

一年生草本，高 30 cm ～ 100 cm。茎通常纤细，被稀疏蛛丝毛。叶互生，叶长椭圆形或倒披针形，长 4 ～ 15 cm 或更长，宽 1.5 ～ 5 cm 或更宽，大头羽状深裂或近全裂，侧裂片 2 ～ 6 对，通常具锯齿或

▲ A. 泥胡菜植株　侧裂片倒卵形倒披针形

▲ B. 泥胡菜幼苗

▲ C. 泥胡菜花序　苞片外有鸡冠状附片；花冠裂片小，长 2.5 mm

重锯齿，叶正面绿色，无毛，背面灰白色，被厚或薄绒毛，具叶柄，上部茎生叶渐无柄。头状花序在茎顶端成疏松伞房状，总苞宽钟状或半球形，直径 1.5 ～ 3 cm；总苞片 5 ～ 8 层，覆瓦状排列，外方数层苞片外有鸡冠状突起的附片，附片紫红色；花冠管状，紫色或红色，花冠裂片小，长 2.5 mm。瘦果小，楔状或偏斜楔形；冠毛异型，白色，两层，外层冠毛刚毛羽毛状，内层冠毛鳞片状。

（二）发生与危害特点

种子繁殖。通常 9 ～ 10 月出苗，花果期翌年 5 ～ 8 月。除新疆、西藏外，遍布全国。发生量大、危害重的恶性杂草。

麻花头、泥胡菜特征比较

	相同点	不同点
麻花头	叶缘无刺，叶片未沿茎下延	叶背绿色，被较稀疏绒毛；花冠裂片长，7 mm
泥胡菜	叶缘无刺，叶片未沿茎下延	叶背灰白色，被浓密绒毛；花冠裂片短，2.5 mm

头状花序较小，总苞长 4 ～ 6 mm

通常无茎生叶

▲ 黄鹌菜全株

三十六、黄鹌菜 *Youngia japonica* (L.) DC.

（一）识别要点

一年生草本，高 10 ～ 100 cm。茎直立，下部有时有长分枝。叶基生，倒披针形、椭圆形至宽线形，长 2.5 ～ 13 cm，宽 1 ～ 4.5 cm，多大头羽状深裂或全裂，侧裂片 2 ～ 7 对，向下渐小，边缘有锯齿或小尖头，极少全缘，通常无茎生叶，偶有 1 ～ 2 枚茎生叶，具叶柄。头状花序较小，含 10 ～ 20 枚舌状小花，花黄色，在茎枝顶端排成聚伞圆锥状；总苞片 4 层，外层极短，向内渐长，长 4 ～ 6 mm；全部总苞片外面无毛。瘦果纺锤形，微扁，有 10 ～ 13 条粗细不等的纵肋，上端狭窄，无喙；冠毛糙毛状。

（二）发生与危害特点

种子及根茎繁殖。花果期 4 ～ 10 月。发生量小，危害一般。分布于西北、华北、华南、西南等省区。

三十七、异叶黄鹌菜 *Youngia heterophylla* (Hemsl.) Babcock et Stebbins

（一）识别要点

一年生或二年生草本，高 30 ～ 100 cm。基生叶椭圆形、长椭圆形或倒披针形，大头羽状深裂或几全裂，长达 23 cm，宽 6 ～ 7 cm，侧裂片 1 ～ 8 对，具叶柄，茎上有多片叶。头状花序较大，含 11 ～ 25 枚舌状小花，花黄色，头状花序多数在茎枝顶端排成伞房花序；总苞片 4 层，外层短，内层长，长 6 ～ 8 mm。瘦果纺锤形，微扁，有 14 ～ 15 条粗细不等的纵肋，上端狭窄，无喙；冠毛白色。

（二）发生与危害特点

种子繁殖。花期 8 ～ 11 月，果期 8 ～ 12 月。发生量很小，不常见。分布于陕西、江西、湖南、湖北、四川、贵州、云南等省区。

A. 异叶黄鹌菜植株

茎上生多片叶

▲ B. 异叶黄鹌菜花序

三十八、大丁草 *Gerbera anandria* (L.) Nakai.

（一）识别要点

多年生草本，植物有春秋二型。春型植株高 6 ～ 19 cm，叶长 2 ～ 6 cm，宽 1 ～ 3 cm；秋型植株高 30 ～ 50 cm，叶长 5 ～ 16 cm，宽 3 ～ 5.5 cm。叶基生，莲座状，叶片形状多变异，通常为倒披针形、卵状椭圆形或椭圆形，边缘具齿状、深波状或琴状羽裂，裂片疏离，顶裂片大，正面被毛或近无毛，背面密被蛛丝状绵毛，叶柄被白色绵毛。花葶棒状，被蛛丝状毛，毛越向顶端越密；苞叶疏生，线形或线状钻形，长 6 ～ 7 mm；头状花序单生；总苞片约 3 层，外层短，内层长；舌状花紫红色，长 10 ～ 12mm，管状花长 6 ～ 8 mm；花药顶端圆，基部具尖的尾部。瘦果纺锤形，长 5 ～ 6 mm；冠毛粗糙，污白色。

苞叶疏生，线形

▲ 大丁草植株

（二）发生与危害特点

种子繁殖。花期4～6月或7～9月。生于山坡路旁、林边、草地、沟边等阴湿处，广泛分布于全国各地。

三十九、毛连菜 *Picris hieracioides* L. subsp. *hieracioides*

（一）识别要点

二年生草本，高16～120 cm。茎生叶长椭圆形或宽披针形，长8～34 cm，宽0.5～6 cm，边缘全缘，或有尖锯齿，或有大而钝的锯齿，基部渐狭成长或短翼柄；茎中部、上部叶渐小，渐全缘，披针形或线形，无柄，基部半抱茎；茎及叶两面被亮色的钩状分叉的硬毛。头状花序较多数，在茎枝顶端排成伞房花序或伞房圆锥花序，花序梗细长；全部总苞片外面被硬毛和短柔毛，舌状花黄色。瘦果纺锤形，棕褐色；冠毛白色，外层极短，糙毛状，内层长，羽毛状。

（二）相似种

日本毛连菜 *Picris japonica* Thunb，茎、枝被黑色或深色钩状硬毛。

▲ A.毛连菜群体

▲ B.毛连菜花序

▲ C.日本毛连菜硬毛

日本毛连菜被暗色硬毛

（三）发生与危害特点

种子繁殖。花果期 6 ～ 9 月。分布吉林、河北、山西、陕西、甘肃、青海、山东、河南、湖北、湖南、四川、云南、贵州及西藏等省区。对作物田危害不重。

四十、乳苣 *Mulgedium tataricum* (L.) DC.

（一）识别要点

多年生草本，高 15 ～ 60 cm，茎叶光滑无毛。中下部茎生叶长椭圆形、线状长椭圆形或线形，长 6 ～ 19 cm，宽 2 ～ 6 cm，羽状浅裂、半裂或边缘有大锯齿，侧裂片 2 ～ 5 对，裂片边缘全缘、具细锯齿或具稀锯齿；向上叶渐小；基部渐狭成短柄，或无柄。头状花序大，直径 2 ～ 2.5 cm，约含 20 枚小花，在茎枝顶端成圆锥花序，小花全为舌状花，花紫色或紫蓝色，管部有白色短柔毛；总苞片 4 层，带紫红色。瘦果长圆状披针形，稍压扁，灰黑色；冠毛 2 层，纤细，白色，长 1 cm。

▲ 乳苣花序

（二）发生与危害特点

种子及根茎繁殖。花果期 6 ～ 9 月。分布于我国华北、东北和西北等省区。

四十一、女菀 *Turczaninowia fastigiata* (Fisch.) DC.

（一）识别要点

多年生草本。茎直立，高 30 ～ 100 cm，被短柔毛，下部常脱毛。叶互生，披针形至条形，长 3 ～ 12 cm，宽 0.3 ～ 1.5 cm，全缘，正面无毛，背面灰绿色，被密短毛及腺点，中脉及三出脉在背面凸起。

▲ A. 女菀群体

▲ B. 女菀植株　　　　　▲ C. 女菀花序　　　　　▲ D. 女菀花序放大

头状花序小，直径 5 ～ 7 mm，花 10 余朵；舌状花长 2 ～ 3 mm，初开时粉红色，后为白色；管状花长 3 ～ 4 mm。瘦果矩圆形，长约 1 mm；冠毛污白色。

（二）发生与危害特点

种子及根茎繁殖。花果期 8 ～ 10 月。广泛分布于我国东北及华北、华南等省区。

四十二、阿尔泰狗娃花 *Heteropappus altaicus* (Willd.) Novopokr.

（一）识别要点

多年生草本。茎直立，高 20 ～ 60 cm，稀达 100 cm，植株被毛。叶互生，条形、矩圆状披针形、倒披针形或近匙形，长 2.5 ～ 6 cm，稀达 10 cm，宽 0.7 ～ 1.5 cm，全缘或有疏浅齿；上部叶渐狭小；全部叶两面或背面被粗毛或细毛。头状花序直径 2 ～ 3.5 cm，单生枝端或排成伞房状；总苞片 2 ～ 3 层，矩圆状披针形或条形，顶端渐尖，边缘膜质；花序边花舌状花，约 20 枚，舌片浅蓝紫色，矩圆状条形，长 10 ～ 15 mm；盘花为管状花，黄色。瘦果倒卵状矩圆形；冠毛污白色或红褐色。

（二）发生与危害特点

种子及根茎繁殖。花果期 5 ～ 9 月。广泛分布于亚洲中部、东部、北部及东北部，也见于喜马拉雅西部。发生量小，为常见杂草，危害不重。

▲ A. 阿尔泰狗娃花群体

▲ B. 阿尔泰狗娃花植株

▲ C. 阿尔泰狗娃花的花序

乳苣、女菀和阿尔泰狗娃花特征比较

	相同点	不同点
乳苣	花序直径大，2～2.5 cm	全为舌状花
女菀	花序直径小，0.5～0.7 cm	兼具舌状花、管状花
阿尔泰狗娃花	花序直径大，2～3.5 cm	兼具舌状花、管状花

第三节　藜科

　　藜科有 100 余属 1400 余种植物，中国有 39 属 180 余种，分布于全国各地，但主要产于盐碱地和北方各省的干旱地区，尤以新疆最盛。多为一年生草本或半灌木，根系发达，叶变小或消失，茎枝为绿色，植株密被毛或无毛；生于海滨或盐碱地的多数种类器官肉质，组织液中富含盐分而具有高渗透压。

　　危害玉米的该科杂草主要有藜、灰绿藜、小藜、细穗藜、刺藜、菊叶香藜、地肤和猪毛菜等。化学除草技术措施：以乙草胺、莠去津、异丙甲草胺进行播后苗期土壤封闭处理；在玉米的 3～5 叶期选用硝磺草酮、氯氟吡氧乙酸、砜嘧磺隆、烟嘧磺隆等进行茎叶处理。

一、藜 *Chenopodium album* L.

（一）识别要点

一年生草本，高 30 ～ 150 cm。茎直立，粗壮，具条棱。叶互生，叶片菱状卵形至宽披针形，长 3 ～ 6 cm，宽 2.5 ～ 5 cm，边缘具不整齐锯齿，嫩叶正面常有白色或紫红色粉粒，后渐无粉，背面多少有粉，叶柄为叶片长度 1/2 至近等长。花序顶生或腋生，在枝上部组成圆锥状花序；花两性，花被裂片 5，有粉；雄蕊 5。果皮与种子贴生。种子横生，双凸镜状。

叶片大，长 3～6 cm，菱状卵形至宽披针形，边缘具多个不整齐锯齿

植株高大，可达 1.5m

▲ C. 藜叶片

▲ A. 藜危害状

▲ B. 藜幼苗

▲ D. 藜花序

（二）发生与危害特点

种子繁殖。从早春到晚秋种子均可萌发。一般 3～4 月出苗，7～8 月开花，8～9 月成熟。分布遍及全球温带及热带，我国各地均有分布。为很难除掉的杂草，发生量大，危害严重。

二、灰绿藜 *Chenopodium glaucum* L.

（一）识别要点

一年生草本，高 20～40 cm。茎平卧或外倾，具条棱及绿色或紫红色色条。叶互生，叶片矩圆状卵形至披针形，小，长 2～4 cm，宽 6～20 mm，边缘具缺刻状牙齿，正面无粉，绿色，背面有粉而呈灰白色，有时稍带紫红色，具叶柄。圆锥状花序顶生或腋生，分枝上数花聚成团伞花序；花两性兼有雌性，花被裂片 3～4，浅绿色，长不及 1 mm。胞果黄白色。种子扁球形。

（二）发生与发生与危害特点

种子繁殖。种子发芽的最低温度为 5℃，最适温度为 15～30℃，最高为 40℃；适宜土层深度在 3 cm 以内。3 月开始发生，5 月见花，6 月果实开始成熟；菜地 6～7 月屡见幼苗。花果期 7～10 月。我国东北、华北及西北均有分布。发生量大，危害重。

▲ A. 灰绿藜危害状

▲ B. 灰绿藜幼苗

▲ C. 灰绿藜花序及叶片

叶小，正面无粉，绿色，背面有粉而呈灰白色

▲ D. 藜与灰绿藜对比

藜　　灰绿藜

三、小藜 *Chenopodium serotinum* L.

（一）识别要点

一年生草本，高 20 ～ 50 cm。茎直立，具条棱。叶片卵状矩圆形，长 2.5 ～ 5 cm，宽 1 ～ 3.5 cm，通常三浅裂，中裂片两边近平行，先端边缘多具波状锯齿，侧裂片位于中部以下，通常各具 2 浅裂齿。圆锥状花序顶生，较开展；花两性，花被 5 深裂，不开展，雄蕊 5。胞果包在花被内，果皮与种子贴生。种子双凸镜状。

（二）发生与危害特点

种子繁殖，可越冬。一年两代。第一代 3 月发芽，5 月开花，5 月底至 6 月初果实逐渐成熟；第二代通常 7 ～ 8 月发芽，9 月开花，种子 10 月成熟。繁殖能力极强，每株产种子数万至数十万粒，且种子存活时间长，在土层深处发芽能力可以保持 10 年以上，被牲畜取食排出体外后仍具有发芽能力。在我国除西藏外均有分布，属恶性杂草。生长快，密度大，可强烈消耗地力，为玉米田主要杂草。

▲ A. 小藜植株

叶常 3 浅裂；中裂片两边近平行

▲ B. 小藜幼苗

四、细穗藜 *Chenopodium gracilispicum* Kung

（一）识别要点

一年生草本，茎高 40 ～ 70 cm，稍有粉，具条棱。叶互生，叶片菱状卵形至长卵形，长 3 ～ 5 cm，宽 2 ～ 4 cm，正面鲜绿色，背面灰绿色，全缘或两侧各具 1 不明显的浅裂片，叶柄细瘦。圆锥花序腋生或顶生，长 2 ～ 15 cm，明显长于叶，纤长分枝上间断、整齐地排列着许多团状小花序；花小，两性，花被绿色，5 深裂，雄蕊 5。胞果双凸镜形。种子横生。

（二）发生与危害特点

种子繁殖。花期 7 ～ 9 月。分布于山东、江苏、浙江、广东、湖南、湖北、江西、河南、陕西、四川及甘肃东南部。为一般性杂草。

花常2-3枚团集，间断排列成穗状花序

叶片菱状卵形至卵形；小花序间断

▲ A. 细穗藜危害状

▲ B. 细穗藜植株

五、刺藜 *Chenopodium aristatum* L.

（一）识别要点

一年生草本，植物体通常呈圆锥形，高 10 ～ 40 cm，无粉，秋后常带紫红色。叶互生，条形至狭披针形，长 7 cm，宽约 1 cm，全缘。复二歧聚伞花序生于枝端及叶腋，最末端的分枝针刺状；花两性，几无柄，花被裂片 5，边缘膜质，背面稍肥厚，果时开展。胞果圆形；果皮透明，与种子贴生。种子横生。

（二）发生与危害特点

种子繁殖。花期 8 ～ 9 月，果期 9 ～ 10 月。多生于高粱、玉米、谷子田间，有时也见于山坡、荒地等处。适生于沙质土壤，极耐旱。分布于我国东北、华北及西北。

▲ A. 刺藜危害状

▲ B. 刺藜植株

▲ C. 刺藜幼苗

—— 花序生于枝端及叶腋，最末端的分枝针刺状

▲ D. 刺藜花序

六、菊叶香藜 *Chenopodium foetidum* **Schrad.**

（一）识别要点

一年生草本，高 20 ~ 60 cm，有强烈气味，全株疏被柔毛。茎直立。叶互生，叶片矩圆形，长 2 ~ 6 cm，宽 1.5 ~ 3.5 cm，边缘羽状浅裂至深裂，正面无毛或幼嫩时稍有毛，背面具短柔毛并兼有黄色无柄

▲ A. 菊叶香藜植株

叶缘羽状浅裂至深裂

▲ B. 菊叶香藜叶片

的颗粒状腺体，具叶柄。复二歧聚伞花序腋生，花两性，花小，花被直径 1 ～ 1.5 mm，5 深裂，雄蕊 5。胞果扁球形。种子横生。

（二）发生与危害特点

种子繁殖。春夏季出苗，花期 7 ～ 9 月，果期 9 ～ 10 月。广泛分布于辽宁、河北、山西、陕西、甘肃、青海、四川、云南和西藏等。

七、地肤 *Kochia scoparia* (L.) Schrad.

（一）识别要点

一年生草本，高 50 ～ 100 cm。茎直立，淡绿色或带紫红色，稍有毛或下部几无毛。叶互生，叶片平展，披针形或条状披针形，长 2 ～ 5 cm，宽 3 ～ 7 mm，无毛或稍有毛。花两性或雌性，通常 1 ～ 3 枚生于上部叶腋，花被近球形，淡绿色，花被裂片近三角形。胞果扁球形，果皮膜质，与种子离生。种子卵形，黑褐色。

（二）发生与危害特点

种子繁殖。花期 6 ～ 9 月，果期 7 ～ 10 月。春季出苗，喜阳光，喜温暖，不耐寒，极耐炎热，耐盐碱，耐干旱，耐瘠薄。原产于欧洲及亚洲中部和南部地区，分布于亚洲、欧洲及我国的大部分地区。

▲ A. 地肤危害状　　　　　▲ B. 地肤幼苗

▲ C. 地肤叶片　　　　　▲ D. 地肤花序

叶肉质，丝状
圆柱形

▲ 猪毛菜植株

八、猪毛菜 *Salsola collina* Pall.

（一）识别要点

一年生草本，高 20 ～ 100 cm。茎、枝绿色，有白色或紫红色条纹。叶互生，肉质，叶片丝状圆柱形，伸展或微弯曲，长 2 ～ 5 cm，宽 0.5 ～ 1.5 mm，生短硬毛，顶端有刺状尖，基部稍下延。花序穗状，生枝条上部；苞片、小苞片顶部有刺状尖；花小，花被片绿色。种子横生或斜生。

（二）发生与危害特点

种子繁殖。3 ～ 4 月发芽，花期 6 ～ 9 月，果期 8 ～ 10 月。成株一次可产生数万粒种子，可在湿润肥沃的土地上长成巨大的株丛。主要分布于东北、华北、西北及四川等。为玉米田常见杂草，有时数量较多，危害较重。

第四节 苋科

苋科包括 60 属约 850 种植物，多为草本或灌木，稀有乔木或藤本。广泛分布于全世界的亚热带和热带地区，但也有许多种也分布于温带甚至寒温带地区。

苋科在玉米田发生较多的主要有反枝苋、凹头苋和皱果苋，其中以反枝苋的危害最重，广泛分布于全国各地玉米田，有较强的适生性。常采用乙草胺、莠去津、异丙甲草胺进行播后苗期土壤封闭处理；玉米生长期采用硝磺草酮、苯唑草酮、烟嘧磺隆、莠去津、辛酰溴苯腈、2- 甲 -4- 氯异辛酯等阔叶杂草除草剂进行茎叶喷雾，必要时进行人工拔除。

一、反枝苋 *Amaranthus retroflexus* L.

（一）识别要点

一年生草本，高可达 1 m。茎直立，粗壮，密生短柔毛。叶片菱状卵形或椭圆状卵形，长 5 ～ 12 cm，宽 2 ～ 5 cm，全缘或波状缘，背面毛较密，有叶柄。圆锥花序顶生及腋生；苞片白色，较长，长 4 ～ 6 mm，顶端有白色尖芒；花被片 5，白色，雄蕊 5。胞果，环状横裂，包裹在宿存花被片内。

（二）发生与危害特点

种子繁殖。华北地区早春萌发，4 月初出苗，4 月中旬至 5 月上旬为出苗高峰；花期 7 ～ 8 月，果期 8 ～ 9 月。适宜发芽温度为 15 ～ 30℃，通常发芽深度在 2 cm 以内；生活力强，种子量大。种子边成熟边脱落，借风传播，埋藏于土层深处 10 年以上仍有发芽能力。分布广泛，适应性强，为玉米田主要杂草，全国各地均有发生。

▲ A. 反枝苋危害状

▲ B. 反枝苋幼苗

▲ C. 反枝苋花序

二、凹头苋 *Amaranthus lividus* L.

（一）识别要点

一年生草本，高 10 ～ 30 cm，全体无毛。茎斜升，从基部分枝，淡绿色或紫红色。叶互生，叶片卵形或菱状卵形，长 1.5 ～ 4.5 cm，宽 1 ～ 3 cm，顶端多凹缺，叶全缘或稍呈波状，有叶柄。花簇生于叶腋，或在茎顶端成直立穗状花序或圆锥花序；花被片 3，淡绿色，雄蕊 3，比花被片稍短，柱头 3 或 2。胞果不裂，近平滑，超出宿存花被片。

（二）发生与危害特点

种子繁殖。5 ～ 6 月为苗期，幼苗数量较多，花期 7 ～ 8 月，果期 8 ～ 10 月，每株成株可产生种子几千粒至几万粒。分布广泛，为农田主要杂草，喜湿润耐旱。主要危害棉花、大豆、甘薯、玉米和蔬菜。除内蒙古、宁夏、青海及西藏外，全国广泛分布。

▲ A. 凹头苋植株　　　　　　　　　　▲ B. 凹头苋幼苗

三、皱果苋 *Amaranthus viridis* L.

（一）识别要点

一年生草本，高 40 ～ 80 cm，全体无毛。叶片卵形、卵状矩圆形或卵状椭圆形，长 3 ～ 9 cm，宽 2.5 ～ 6 cm，叶片上常有 "V" 形白斑，顶端尖凹或凹缺，少数圆钝，叶全缘或微呈波状缘，有叶柄。圆锥花序顶生，有分枝，圆柱形，细长，直立；苞片及小苞片披针形；花被片 3，雄蕊 3，比花被片短，柱头 3 或 2。胞果不裂，极皱缩。

（二）发生与危害特点

种子繁殖。苗期 4 ～ 5 月，花期 6 ～ 8 月，果期 8 ～ 10 月。喜生于疏松的干燥土壤。为我国特有植物，主要分布于华北、华南、华东及东北等。

▲ A. 皱果苋群体　　　　　　　　　　▲ B. 皱果苋植株

▲ C. 皱果苋幼苗

"V"形白斑
▲ D. 皱果苋叶片和花序

反枝苋、凹头苋和皱果苋特征比较

	相同点	不同点
反枝苋	圆锥花序，花小	雄蕊 5；胞果，环状横裂
凹头苋	圆锥花序，花小	雄蕊 3；胞果微皱缩而近平滑
皱果苋	圆锥花序，花小	雄蕊 3；胞果不裂，极皱缩

第五节　鸭跖草科

鸭跖草科均为草本植物，主要分布在热带地区，也有少数分布在温带和亚热带地区，中国有 13 属约 50 种，分布在全国各地，主要在广东和云南。该科多种植物被培植作为观赏植物品种。

鸭跖草科危害玉米田的植物主要有鸭跖草和饭包草，特别是鸭跖草已成为我国各玉米产区的主要杂草，危害严重。防治方法：在玉米的播后苗前进行土壤封闭，主要药剂有乙草胺、莠去津、异丙甲草胺等；在玉米生长的 3～5 叶期进行茎叶喷雾处理，主要药剂有硝磺草酮、烟嘧磺隆、氯氟吡氧乙酸、溴苯腈、莠去津、2,4- 滴丁酯等。

一、鸭跖草 *Commelina communis* L.

（一）识别要点

一年生草本。茎匍匐，长可达 1 米。叶披针形至卵状披针形，长 3～9 cm，宽 1.5～2 cm。总苞片佛焰苞状；聚伞花序，下面一枝仅有花 1 枚，不孕；上面一枝具花 3～4 枚，花瓣深蓝色；内面 2 枚具爪，长近 1cm。蒴果椭圆形，2 室，有种子 4 颗。种子棕黄色，有不规则窝孔。

（二）发生与危害特点

种子繁殖。华北地区 4 ～ 5 月出苗，茎基部匍匐，着土后节易生根，匍匐蔓延迅速。花果期 6 ～ 10 月。适生于潮湿地或阴湿处，部分地区受害严重，在全国分布广泛。

▲ A. 鸭跖草危害状 1

▲ B. 鸭跖草危害状 2

▲ C. 鸭跖草群体

▲ D. 鸭跖草幼苗

▲ E. 鸭跖草花

二、饭包草 *Commelina bengalensis* L.

（一）识别要点

多年生草本。茎匍匐，上部上升，长可达70 cm。叶片卵形，长3～7 cm，宽1.5～3.5 cm，顶端钝或急尖，有叶柄。总苞片佛焰苞状，下缘愈合成漏斗状；花序下面一枝具1～3枚不孕的花，伸出佛焰苞；上面一枝有花数枚，结实，不伸出佛焰苞；花两侧对称，花瓣蓝色，圆形，内面2枚具长爪。蒴果椭圆状，每室具1～2颗种子，或无种子。种子黑色，多皱并有不规则网纹。

（二）发生与危害特点

种子及匍匐茎均可繁殖。花果期7～10月。适生于阴湿地或林下潮湿处。在东北、华北、西北等玉米田广泛分布。

▲ A. 饭包草危害状

C. 饭包草幼苗

B. 饭包草群体

鸭跖草、饭包草特征比较

	相同点	不同点
鸭跖草	叶具平行脉，花瓣蓝色	叶片较窄，披针形；总苞片下缘未愈合
饭包草	叶具平行脉，花瓣蓝色	叶片较宽，卵形；总苞片下缘愈合成漏斗状

第六节　旋花科

　　旋花科，多为缠绕或直立草本，少数为木质藤本、乔木或灌木。茎含乳汁，少数种有块茎。约有 60 属 1650 种，广泛分布于全球，主要产于美洲和亚洲的热带和亚热带地区，中国有 22 属约 125 种，南北均有分布。其中有多种为蔬菜和经济作物，有不少药用和观赏植物，有一些为农田常见杂草。

　　旋花科植物中危害玉米田的较多，主要有牵牛、圆叶牵牛、田旋花、打碗花和旋花，多为半直立茎或缠绕茎，其中田旋花和打碗花危害最为严重。在玉米的播后苗前进行土壤封闭，主要药剂有乙草胺、莠去津、异丙甲草胺等；在玉米生长的 3～5 叶期进行茎叶喷雾处理，主要药剂有苯唑草酮、硝磺草酮、莠去津、烟嘧磺隆、2,4-滴丁酯等。目前，多种除草剂对旋花科杂草的防效较一般，因此对该科杂草的防除应采用综合的技术措施。

一、牵牛 *Pharbitis nil* (L.) Choisy

（一）识别要点

　　一年生缠绕草本，全株被毛。叶互生，长 4～15 cm，宽 4.5～14 cm，宽卵形或近圆形，掌状 3 浅裂至深裂，具叶柄。花腋生，单一或通常 2 枚着生于花序梗顶；小苞片线形；萼片近等长，外萼片 3，内萼片 2，花冠漏斗状，长 5～10 cm，蓝紫色或紫红色，花冠管色淡，雄蕊和花柱藏于花冠管内，柱头头状，子房 3 室，具 6 胚珠。蒴果近球形，3 瓣裂。种子卵状三棱形。

▲ A. 牵牛田间危害状　　▲ B. 牵牛幼苗　　▲ C. 牵牛的叶

叶掌状3裂

▲ D. 牵牛的花

雄蕊和花柱藏于花冠管内

▲ E. 牵牛果实

（二）发生与危害特点

种子繁殖。4～5月萌发，花期6～9月，果期7～10月。除东北、西北一些地区，全国各地均有分布。为玉米田重要杂草。

二、圆叶牵牛 *Pharbitis purpurea* (L.) Voigt

（一）识别要点

一年生草本。茎缠绕，全株被毛。叶互生，圆心形或宽卵状心形，长4～18 cm，宽3.5～16.5 cm，通常全缘，具叶柄。花腋生，单一或2～5枚成伞形聚伞花序；苞片线形；内外萼片近等长，外萼片3，内萼片2，花冠漏斗状，长4～6 cm，紫红色、红色或白色，花冠管通常白色，雄蕊和花柱藏于花冠管内，柱头头状，子房无毛，3室，具6胚珠。蒴果近球形，3瓣裂。种子卵状三棱形。

（二）发生与危害特点

种子繁殖。华北地区4～5月出苗，6～9月开花，9～10月结果。我国大部分地区均有分布，为玉米田重要杂草。

▲ A. 圆叶牵牛危害状

第二章　我国玉米田常见杂草

73

▲ B. 圆叶牵牛幼苗 1

▲ C. 圆叶牵牛幼苗 2

▲ D. 圆叶牵牛的花

三、田旋花 *Convolvulus arvensis* L.

（一）识别要点

多年生蔓生草本。茎平卧或缠绕，有条纹及棱角，无毛或上部被疏柔毛。叶互生，叶形变化大，卵

▲ A. 田旋花植株 1

▲ B. 田旋花植株 2

叶形变化大，卵状长圆形、披针形或线形

▲ C. 田旋花的叶

叶全缘或3裂，中裂片最大；基部大多戟形、箭形或心形

柱头2，线形

▲ D. 田旋花的花

苞片2，小、线形，着生在花梗中、上部，远离花冠

▲ E. 田旋花的花梗

状长圆形、披针形或线形，长 1.5～5 cm，宽 1～3 cm，全缘或3裂，中裂片最大，基部大多戟形、箭形或心形，具叶柄。花 1～3 枚腋生，花梗细长；苞片2，小，线形，着生在花梗中、上部，远离花冠，花冠宽漏斗形，长 1.5～2.6 cm，白色或粉红色，5浅裂，雄蕊5，柱头2，线形。蒴果卵状球形或圆锥形。种子4，卵圆形。

（二）发生与危害特点

根状茎横走，地下茎及种子繁殖。秋季近地面处的根茎产生越冬芽，翌年春季出苗。花期5～8月，果期6～9月。为玉米田常见杂草，广泛分布于我国东北、华北及西北等省区。

四、打碗花 *Calystegia hederacea* Wall.

（一）识别要点

多年生蔓生草本，全体不被毛，长 8～40 cm。茎平卧，有细棱。叶互生，具长柄，叶片三角状戟形，长 2～5.5 cm，宽 1～2.5 cm，叶片基部心形或戟形；茎中部、上部叶片3裂，中裂片长圆形或长圆状披针形，侧裂片全缘或2裂。花腋生，1枚，花梗长于叶柄；苞片2，宽卵形，包着花萼，漏斗状花冠，淡紫色或淡红色，长 2～4 cm，柱头2，线形。蒴果卵球形。种子黑褐色。

（二）发生与危害特点

地下茎和种子繁殖。华北地区4～5月出苗，花期7～9月，果期8～10月。适生于湿润肥沃的土壤，也耐干旱贫瘠，全国分布，在有些地区成为恶性杂草。

▲ A. 打碗花危害状

▲ B. 打碗花植株

▲ C. 打碗花的叶

苞片2，宽卵形，包着花萼

▲ D. 打碗花的花

五、旋花 *Calystegia sepium* (L.) R. Br.

（一）识别要点

多年生草本，全体不被毛。茎缠绕，有细棱。叶互生，叶片形状多变，三角状卵形或宽卵形，叶较大，长 4 ～ 15 cm 或更长，宽 2 ～ 10 cm 或更宽，基部戟形或心形，全缘或基部稍伸展为具 2 ～ 3 个大齿缺的裂片，叶柄短于叶片或两者近等长。花腋生，1 枚，花梗长，有细棱或有时具狭翅；苞片 2，宽卵形，较大，包着花萼，漏斗状花冠，较大，长 5 ～ 6 cm，白色、淡红或紫色，柱头 2，卵形，扁平。蒴果卵形。种子黑褐色。

（二）发生与危害特点

根芽和种子繁殖。3 ～ 4 月出苗，花期 5 ～ 7 月，果期 6 ～ 8 月。适生于湿润肥沃的土壤，也耐干旱贫瘠。全国分布，在有些地区成为恶性杂草。

▲ A. 旋花危害状

▲ B. 旋花幼苗

▲ C. 旋花的花

田旋花、打碗花和旋花特征比较

	相同点	不同点
田旋花	草质藤本，漏斗状花冠	柱头 2，线形；叶小，长 5cm；花苞片小，在花梗中部，远离花萼
打碗花	草质藤本，漏斗状花冠	柱头 2，线形；叶小，长 5.5cm；花苞片大，包着花萼
旋　花	草质藤本，漏斗状花冠	柱头 2，卵形；叶大，长达 15cm；花苞片大，包着花萼

第七节　茄科

　　茄科，一年生至多年生草本、半灌木、灌木或小乔木；直立、匍匐、扶升或攀援；有时具皮刺，稀具棘刺。茄科广泛分布于全世界温带及热带地区，南美洲为最大的分布中心，种类最多。中国有 24 属 105 种，全国普遍分布，但以南部亚热带及热带地区种类较多。

　　茄科植物中危害玉米田的主要有龙葵、红果龙葵、挂金灯、曼陀罗和洋金花等，其中龙葵的发生比较普遍，且在局部地区危害较重。可采用乙草胺、异丙甲草胺、莠去津等进行土壤封闭处理，玉米 3 ～ 5 叶期采用硝磺草酮、烟嘧磺隆、莠去津、砜嘧磺隆等进行茎叶喷雾处理。

一、龙葵 *Solanum nigrum* L.

（一）识别要点

　　一年生直立草本。茎粗壮，高 0.25 ～ 1 m，近无毛或被微柔毛。叶互生，卵形，长 2.5 ～ 10 cm，宽 1.5 ～ 5.5 cm，全缘或每边具不规则的波状粗齿，基部楔形，下延至叶柄，光滑或两面均被稀疏短柔毛，有叶柄。蝎尾状花序较短，腋外生，由 3 ～ 10 花组成；轮状花冠，白色，5 深裂，冠檐长约 2.5 mm。浆果球形，熟时黑色，直径约 8 mm。

（二）发生与危害特点

种子繁殖。我国北方4～6月出苗，花果期7～9月，当年种子一般不能萌发，须经越冬休眠，翌年春天萌发。全国均有分布，为玉米田常见杂草，部分地区危害较重。

▲ A. 龙葵危害状

▲ B. 龙葵幼苗

▲ C. 龙葵植株

▲ D. 龙葵未成熟果实

▲ E. 龙葵的花

二、红果龙葵 *Solanum alatum* Moench

（一）识别要点

一年生草本，高约 40 cm，小枝被毛，具有棱角状的狭翅。叶互生，卵形至椭圆形，长 2～5.5 cm，宽 1～3 cm，边缘近全缘、浅波状或基部 1～2 齿，很少有 3～4 齿，两面疏被短柔毛，叶柄具狭翅。花序近伞形，腋外生；轮状花冠，紫色、淡紫色，5 裂，直径约 7 mm。浆果球状，朱红色。

（二）发生与危害特点

种子繁殖。花果期 6～9 月。分布于河北、山西、甘肃、新疆、青海等省区。

▲ 红果龙葵果实

三、挂金灯 *Physalis alkekengi* L. var. *franchetii* (Mast.) Makino

（一）识别要点

多年生草本，高 40～80 cm。茎较粗壮，茎节膨大。叶互生，长卵形至阔卵形、有时菱状卵形，长 5～15 cm，宽 2～8 cm，叶缘波状、有粗牙齿，仅叶缘有短毛，具叶柄。花萼阔钟状，密生柔毛，轮状花冠，白色，直径 15～20 mm。果萼卵状，长 2.5～4 cm，直径 2～3.5 cm，薄革质，网脉显著，橙色或火红色；浆果球状，橙红色。

▲ A. 挂金灯植株

▲ B. 挂金灯的花

▲ C. 挂金灯果实

（二）发生与危害特点

种子繁殖。花期 5～9 月，果期 6～10 月。常生长于空旷地或山坡。分布于甘肃、陕西、河南、湖北、四川、贵州和云南等。玉米田危害较小。

四、曼陀罗 *Darura stramonium* L.

（一）识别要点

一年生草本，有时呈半灌木状，高 0.5～1.5 m，全体近于平滑或在幼嫩部分被短柔毛，下部木质化。叶互生，广卵形，长 8～17 cm，宽 4～12 cm，边缘有不规则波状浅裂，裂片顶端多急尖，有时亦有波状牙齿，具叶柄。花单生于枝杈间或叶腋，直立，有短梗；花萼筒状，5 浅裂，花冠漏斗状，长 6～10 cm，下半部带绿色，上部白色或淡紫色，檐部 5 浅裂，子房密生柔针毛。蒴果卵状，表面生硬针刺，成熟后黄褐色，规则 4 瓣裂。种子卵圆形，稍扁。

▲ A. 曼陀罗危害状

▲ B. 曼陀罗幼苗

裂片顶端急尖

▲ C. 曼陀罗花

蒴果卵状

▲ D. 曼陀罗幼果

蒴果表面生硬
针刺，4裂

▲ E. 曼陀罗成熟果实

（二）发生与危害特点

　　种子繁殖。花期6～10月，果期7～11月。常生于住宅旁、路边或草地上，偶有危害玉米，全株有毒。我国各省区均有分布。

五、洋金花 *Datura metel* L.

（一）识别要点

　　一年生直立草本，有时呈半灌木状，高0.5～1.5 m，全体近无毛。叶互生，卵形或广卵形，长5～20 cm，宽4～15 cm，边缘波状，或有不规则的短齿或浅裂，具叶柄。花单生于枝杈间或叶腋；花萼筒状，裂片狭三角形或披针形，果时宿存部分增大，花冠长漏斗状，长14～20 cm，檐部直径6～10 cm，白色、黄色或浅紫色，雄蕊5，子房疏生短刺毛。蒴果近球状或扁球状，疏生粗短刺，直径约3 cm，不规则4瓣裂。种子淡褐色，宽约3 mm。花果期3～11月。

▲ A. 洋金花植株

▲ B. 洋金花的花

蒴果近球状

▲ C. 洋金花果实

（二）发生与危害特点

种子繁殖。花果期 3 ～ 12 月。常生于向阳的山坡、草地或住宅旁，常为野生，对玉米田危害较轻。分布于热带及亚热带地区。分布于我国台湾、福建、广东、广西、云南、贵州等省区。

第八节　蓼科

蓼科，双子叶植物，共 40 属 800 种，主产北温带，少数在热带，中国有 14 属约 228 种，全国均有分布，水田、潮湿人造沟渠或湿地中生长旺盛。

蓼科植物危害玉米的主要有萹蓄、两栖蓼、酸模叶蓼、红蓼、卷茎蓼、巴天酸模、齿果酸模、西伯利亚蓼、杠板归和荞麦等，其中萹蓄、红蓼和酸模叶蓼等危害较重。

化学除草技术措施：以乙草胺、莠去津、异丙甲草胺进行播后苗期土壤封闭处理；在玉米的 3 ～ 5 叶期选用苯唑草酮、烟嘧磺隆、莠去津、硝磺草酮、氯氟吡氧乙酸、辛酰溴苯腈、砜嘧磺隆等进行茎叶处理。

一、萹蓄 *Polygonum aviculare* L.

（一）识别要点

一年生草本。茎平卧、斜升或直立，高 10 ～ 40 cm。叶互生，椭圆形、狭椭圆形或披针形，长 1 ～ 4 cm，宽 3 ～ 12 mm，边缘全缘，两面无毛，叶柄短或近无柄，叶基部具关节；托叶鞘 2 裂，以后撕裂。花单生或数朵簇生于叶腋；花被 5 深裂，长 2 ～ 2.5 mm，绿色，边缘白色或淡红色，雄蕊 8，花柱 3。瘦果卵形，具 3 棱，黑褐色，与宿存花被近等长或稍超过。

▲ A. 萹蓄危害状

▲ B. 萹蓄群体

▲ C. 萹蓄植株

花被片绿色，边缘白色或淡红色

▲ D. 萹蓄的花

（二）发生与危害特点

种子繁殖。种子发芽的适宜温度为 10 ~ 20℃，适宜深度为 1 ~ 4 cm。我国北方 3 ~ 4 月出苗，5 ~ 9 月开花结果，6 月以后果实渐次成熟。种子落地经越冬休眠后可萌发。全国均有分布。

二、酸模叶蓼 *Polygonum lapathifolium* L.

（一）识别要点

一年生草本，高 40 ~ 90 cm。茎直立，具分枝，无毛，节部膨大。叶披针形或宽披针形，长 5 ~ 15 cm，宽 1 ~ 3 cm，正面绿色，常有一个大的黑褐色新月形斑点，两面沿中脉被短硬伏毛，全缘，有叶

▲ A. 酸模叶蓼危害状

▲ B. 酸模叶蓼群体

叶上常有一个大的黑褐色新月形斑点

▲ C. 酸模叶蓼叶

▲ D. 酸模叶蓼花序

柄;托叶鞘筒状。总状花序呈穗状,花紧密,花序梗被腺体;花被淡红色或白色,4 或 5 深裂,雄蕊通常 6。瘦果宽卵形,双凹,包于宿存花被内。

（二）发生与危害特点

种子繁殖。种子发芽的适宜温度为 15～20℃,适宜的土层深度为 2～3 cm,有多次开花结实的习性。东北及黄河流域 4～5 月出苗,花期 6～8 月,果期 7～9 月。种子经休眠后可萌发,生长竞争性强,危害较大,可至作物严重减产。主要危害玉米田和小麦田。

三、尼泊尔蓼 *Polygonum nepalense* Meisn.

（一）识别要点

一年生草本。茎外倾或斜上,自基部多分枝,高 20～40 cm。茎下部叶卵形或三角状卵形,长 3～5 cm,宽 2～4 cm,顶端急尖,基部宽楔形,沿叶柄下延成翅,疏生黄色透明腺点,具叶柄,或近无柄,抱茎;托叶鞘筒状,顶端斜截形,无缘毛。花序头状,顶生或腋生,基部常具 1 叶状总苞片;花被通常 4 裂,淡紫红色或白色,花被片长圆形,长 2～3 mm,雄蕊 5～6,花柱 2。瘦果宽卵形,双凸镜状,黑色。

叶花序头状

（二）发生与危害特点

种子繁殖。花果期 6～10 月。生于较潮湿的地方,危害较小。除新疆外,广泛分布于全国各省区。

▲ 尼泊尔蓼植株

四、红蓼 *Polygonum orientale* L.

（一）识别要点

一年生草本，高 1 ～ 2 m。叶互生，大，宽卵形、宽椭圆形或卵状披针形，长 10 ～ 20 cm，宽 5 ～ 12 cm，边缘全缘，两面密生短柔毛，有叶柄；托叶鞘筒状，长 1 ～ 2 cm，具长缘毛，通常沿顶端具草质、绿色的翅。总状花序呈穗状，顶生或腋生，花紧密，通常数个再组成圆锥状；每苞内具 3 ～ 5 枚花；花被 5 深裂，淡红色或白色，雄蕊 7，花柱 2 裂。瘦果近圆形，双凹，黑褐色，有光泽，包于宿存花被内。

（二）发生与危害特点

种子繁殖。花果期 6 ～ 9 月。危害玉米、大豆、甘蔗、水稻等作物。广泛分布于全国各省区。

叶大，长 10 ～ 20 cm，宽 5 ～ 12 cm

▲ A. 红蓼危害状

▲ B. 红蓼幼苗

▲ C. 红蓼茎和托叶鞘

▲ D. 红蓼花序 1

▲ E. 红蓼花序 2

五、卷茎蓼 *Fallopia convolvulus* (L.) Love

（一）识别要点

一年生草本，缠绕茎，长 1 ～ 1.5 m。叶互生，叶片卵形或心形，长 2 ～ 6 cm，宽 1.5 ～ 4 cm，边缘全缘，有叶柄；托叶鞘膜质。花序总状，花稀疏，有时成花簇；花被 5 深裂，淡绿色，边缘白色，花被片外面 3 片背部具龙骨状突起或狭翅，果时稍增大，雄蕊 8，花柱 3。瘦果椭圆形，具 3 棱，包于宿存花被内。

（二）发生与危害特点

种子繁殖。花期 5 ～ 8 月，果期 6 ～ 9 月。广泛分布于我国东北、华北、西北、台湾、湖北、四川、贵州、云南及西藏等省区。

▲ A. 卷茎蓼危害状 1

▲ B. 卷茎蓼危害状 2　缠绕茎

▲ C. 卷茎蓼幼苗

六、巴天酸模 *Rumex patientia* L.

（一）识别要点

多年生草本。根肥厚，直径可达 3 cm。茎直立，粗壮，高 90 ～ 150 cm。基生叶长圆形或长圆状披针形，长 15 ～ 30 cm，宽 5 ～ 10 cm，边缘波状，有叶柄，茎上部叶具短叶柄或近无柄；托叶鞘筒状，膜质。花序圆锥状，大型；花淡绿色，花被 6 片，2 轮排列，每轮 3，外花被片长约 1.5 mm，内花被片果时增大，边缘近全缘，部分外方具小瘤。瘦果卵形，具 3 锐棱。

（二）发生与危害特点

种子繁殖。花期5～6月，果期6～7月。生于沟边湿地、水边。分布于东北、华北、西北及西藏等省区。

▲ A. 巴天酸模植株

▲ B. 巴天酸模幼苗

七、齿果酸模 *Rumex dentatus* L.

（一）识别要点

一年生草本，高30～70 cm。叶互生，茎下部叶长圆形或长椭圆形，长4～12 cm，宽1.5～3 cm，

▲ A. 齿果酸模开花状

▲ B. 齿果酸模花序

内花被片边缘每侧具2～4个刺状齿，外方全部具小瘤

边缘浅波状，上部叶较小；有叶柄。大型圆锥状花序，花轮状排列；花绿色，花被片 6，2 轮排列，每轮 3，外花被片小，内花被片果时增大，三角状卵形，长 3.5 ～ 4 mm，全部具小瘤，边缘每侧具 2 ～ 4 个刺状齿。瘦果卵形，具 3 锐棱，黄褐色，有光泽。

（二）发生与危害特点

种子繁殖。花期 5 ～ 6 月，果期 6 ～ 7 月。喜生于路旁湿地、河边或水边，危害较轻。

八、西伯利亚蓼 *Polygonum sibiricum* Laxm.

（一）识别要点

多年生草本，高 10 ～ 25 cm。根状茎细长，茎斜升或近直立。叶片窄长，长椭圆形或披针形，无毛，长 5 ～ 13 cm，宽 0.5 ～ 1.5 cm，边缘全缘，有叶柄；托叶鞘筒状。花序圆锥状，顶生，花排列稀疏，通常间断；花被 5 深裂，黄绿色，雄蕊 7 ～ 8，花柱 3。瘦果卵形，具 3 棱，包于宿存的花被内或凸出。

（二）发生与危害特点

种子及根茎繁殖。花果期 6 ～ 9 月。常生于盐碱荒地或沙质盐碱土上，盐化草甸、盐湿低地及路旁或田边。为常见夏收和秋收作物田杂草，主要危害麦类、油菜、甜菜、马铃薯及棉花、玉米、大豆、谷子等。主要分布于我国东北、内蒙古、华北、陕西、甘肃及西南地区。

▲ A. 西伯利亚蓼群体

叶片窄长，长椭圆形或披针形
▲ B. 西伯利亚蓼花序

九、杠板归 *Polygonum perfoliatum* L.

（一）识别要点

一年生草本。茎攀援，长 1 ～ 2 m，沿棱具稀疏的倒生皮刺。叶三角形，长 3 ～ 7 cm，宽 2 ～ 5 cm，正面无毛，背面沿叶脉疏生皮刺，叶柄与叶片近等长，具倒生皮刺，盾状着生于叶片的近基部；托叶鞘叶状，圆形或近圆形，穿叶。总状花序呈短穗状，不分枝顶生或腋生，长 1 ～ 3 cm；花被 5 深裂，白色或淡红色，花被片长约 3 mm，果时增大，呈肉质，深蓝色，雄蕊 8，花柱 3。瘦果球形，黑色，有光泽，包于宿存花被内。

（二）发生与危害特点

种子繁殖。花期6～8月,果期7～10月。生田边、路旁或山谷湿地。广泛分布全国各地,偶有危害玉米。

▲ A. 杠板归植株

托叶圆形,穿叶

叶柄上具刺

▲ B. 杠板归托叶

十、荞麦 *Fagopyrum esculentum* Moench

（一）识别要点

一年生草本,高30～90 cm,上部分枝,绿色或红色。叶三角形或卵状三角形,长2.5～7 cm,宽2～5 cm,顶端渐尖,基部心形,两面沿叶脉具乳头状突起,下部叶具长叶柄,上部渐无柄;托叶鞘膜质,短筒状,顶端偏斜,无缘毛,易破裂脱落。花序总状或伞房状,顶生或腋生;苞片卵形,每苞内具3～5枚花;花被5深裂,白色或淡红色,花被片椭圆形,长3～4 mm,雄蕊8,花柱3。瘦果卵形,具3锐棱,比宿存花被长。

▲ A. 荞麦危害状

▲ B. 荞麦花序

（二）发生与危害特点

种子繁殖。花期5～9月，果期6～10月。生荒地、路边。广泛分布于西北、东北、华北及西南一带高寒山区，尤以北方为多，分布零散，主要为栽培品种，偶有危害玉米。

第九节　大戟科

大戟科约300属8000种以上，广布于全球，中国有66属约864种，全国各地均有分布，但主产地为西南至台湾。

大戟科植物中危害玉米田的有铁苋菜、地锦、齿裂大戟和叶下珠等杂草，其中齿裂大戟和铁苋菜危害最重，分布也最为普遍，一般采用莠去津、乙草胺、异丙甲草胺等进行土壤封闭处理，在玉米的4～6叶期，利用苯唑草酮、硝磺草酮、砜嘧磺隆、烟嘧磺隆等除草剂进行茎叶喷雾处理。

一、铁苋菜 *Acalypha australis* L.

（一）识别要点

一年生草本，高0.2～0.5 m，被柔毛，毛逐渐稀疏。叶互生，长卵形、近菱状卵形或阔披针形，长3～9 cm，宽1～5 cm，边缘具圆锯，正面无毛，背面沿中脉具柔毛，具叶柄；具托叶。花序腋生或顶生，雌雄花同序；雌花苞片1～4枚，卵状心形，花后增大，边缘具齿，苞腋具雌花1～3枚，雄花生于花序上部，排列呈穗状或头状。蒴果具3个分果爿。种子近卵状。

（二）发生与危害特点

种子繁殖。苗期4～5月，花期7～8月，果期8～10月。果实成熟开裂、散落，经冬季休眠后可萌发。除新疆外，分布遍及全国，黄河流域及其以南地区发生普遍。为玉米田的主要杂草。

▲ A. 铁苋菜危害状

▲ B. 铁苋菜植株

▲ C. 铁苋菜幼苗　　▲ D. 铁苋菜的花

二、地锦 *Euphorbia humifusa* **Willd. ex Schlecht.**

（一）识别要点

一年生草本。茎平卧，含白色乳汁，基部常红色或淡红色，长 20～30 cm，直径 1～3 mm，被柔毛或疏柔毛。叶对生，矩圆形或椭圆形，长 5～10 mm，宽 3～6 mm，先端钝圆，边缘常于中部以上具细锯齿，被疏柔毛，叶柄极短。花序单生于叶腋，总苞陀螺状，边缘 4 裂；雄花数枚，近与总苞边缘等长，雌花 1 枚，子房柄伸出至总苞边缘，花柱 3，分离。蒴果三棱状卵球形，长约 2 mm，成熟时分裂为 3 个分果爿。种子三棱状卵球形。

（二）发生与危害特点

种子繁殖。华北地区 4～5 月出苗，花期 6～7 月，果期 7～10 月。成株可产生种子数千粒，种子经越冬可发芽，在土层深处的种子其发芽能力可保持若干年。分布于全国各地。

▲ A. 地锦危害状

▲ B. 地锦植株

三、齿裂大戟 *Euphorbia dentata* Michx

（一）识别要点

一年生草本，高 20～50 cm，具乳汁。叶对生，线形至卵形，多变化，长 2～7 cm，宽 5～20 mm，基部渐狭，边缘全缘、浅裂至波状齿裂；有叶柄；总苞叶 2～3 枚，与茎生叶相同，伞幅 2～3 个，长 2～4 cm，苞叶数枚，与退化叶混生。花序数枚，聚伞状生于分枝顶部；雄花数枚，伸出总苞之外，雌花 1 枚，子房柄与总苞边缘近等长，子房球状，花柱 3，分离。蒴果扁球状，具 3 个纵沟；成熟时分裂为 3 个分果爿。种子卵球状。

（二）发生与危害特点

种子繁殖。花期 5～8 月，果期 6～9 月。除台湾、云南、西藏和新疆外，广布于全国，北方尤为普遍。为一般性杂草，危害不重，在河北和内蒙古有成片生长的情况。

▲ A. 齿裂大戟群体

总苞叶 3，叶状

▲ B. 齿裂大戟花序

四、叶下珠 *Phyllanthus urinaria* L.

（一）识别要点

一年生草本，高 10～60 cm。茎通常直立，枝具翅状纵棱，上部被疏短柔毛。单叶互生，因叶柄扭转而呈羽状排列，长圆形或倒卵形，长 4～10 mm，宽 2～5 mm；正面绿色，背面灰绿色，叶柄极短；有托叶。花雌雄同株，直径约 4 mm，雄花 2～4 枚簇生于叶腋，通常仅上面 1 枚开花，雄蕊 3，雌花，萼片 6。蒴果圆球状，直径 1～2 mm，成熟时红色。种子橙黄色。

▲ 叶下珠植株

（二）发生与危害特点

种子繁殖。花期 6～8 月，果期 9～10 月。分布于华北、西北、华东、华中、华南及西南等省区，发生量小，危害轻。

第十节 锦葵科

锦葵科多为木本或草本。茎皮有很多纤维，有黏液。锦葵科大约有 75 属，1000～1500 种，分布于温带及热带。中国有 16 属 81 种。

玉米田常见的锦葵科杂草有苘麻、野葵和野西瓜苗，其中苘麻在局部地区发生较重，防治也比较困难。在玉米生长期采用苯唑草酮、莠去津、烟嘧磺隆、2,4-滴丁酯等进行茎叶处理，一般土壤封闭处理效果较差。

一、苘麻 *Abutilon theophrastii* Medic.

（一）识别要点

一年生亚灌木状草本，高 0.3～2 m，全株密生绒毛状星状毛。叶互生，圆心形，直径 5～18 cm，先端长渐尖，基部心形，边缘具粗锯齿，叶脉掌状，叶柄长。花单生于叶腋，花萼 5 裂，花瓣 5，黄色，基部与雄蕊筒合生，单体雄蕊，心皮 15～20，环列成扁球形，先端突出如芒。果实半圆球形似磨盘，密生星状毛，成熟后形成分果。种子黑色。

（二）发生与危害特点

种子繁殖。4～5 月出苗，花期 6～8 月，果期 8～9 月。适生于较湿润而肥沃的土壤，部分地块发生严重。全国各地均有分布。

▲ A. 苘麻危害状

▲ B. 苘麻幼苗

▲ C. 苘麻花

二、野葵 *Malva verticillata* L.

（一）识别要点

二年生草本，高 50 ～ 100 cm，茎干被毛。叶互生，肾形或圆形，直径 5 ～ 11 cm，通常为掌状 5 ～ 7 裂，裂片三角形，具钝尖头，边缘具钝齿，两面疏被糙伏毛或近无毛，具叶柄。花 3 至多朵簇生于叶腋，具极短柄至近无柄，小苞片 3，萼杯状，萼 5 裂，花冠淡白色至淡红色，花瓣 5，长 6 ～ 8 mm，先端凹入，单体雄蕊，花柱分枝 10 ～ 11。果扁球形，直径 5 ～ 7 mm，分果爿 10 ～ 11。种子肾形，紫褐色。

▲ A. 野葵植株及危害状

▲ B. 野葵植株

▲ C. 野葵幼苗

▲ E. 野葵果实

▲ D. 野葵花

（二）发生与危害特点

种子繁殖。花果期 3 ～ 11 月。分布于全国各省区，北至吉林、内蒙古，南至四川、云南，东起沿海，西至新疆及青海等省。为一般性杂草，发生量小，危害轻。

三、野西瓜苗 *Hibiscus trionum* L.

（一）识别要点

一年生草本，茎直立或平卧，茎长 25 ～ 70 cm，全株被毛。叶二型；下部的叶圆形，直径 3 ～ 6 cm，不裂或浅裂，上部的叶掌状 3 ～ 5 全裂；裂片倒卵形至长圆形，边缘羽状全裂至不裂而有锯齿；叶具长叶柄和托叶。花单生于叶腋，小苞片线形，基部合生；花萼钟形，5 裂，具纵向紫色条纹，花冠直径 2 ～ 3 cm，花瓣 5，淡黄色，内面基部紫色，单体雄蕊，柱头 5 裂。蒴果长圆状球形，果爿 5。种子肾形，黑色。

（二）发生与危害特点

种子繁殖。4 ～ 5 月出苗，6 ～ 8 月为花果期。分布广泛，适生于较湿润而肥沃的农田，亦较耐干旱，为旱作物地常见杂草，主要危害棉花、玉米、豆类、蔬菜、果树等作物。

▲ A. 野西瓜苗危害状

▲ C. 野西瓜苗花

▲ D. 野西瓜苗果实

▲ B. 野西瓜苗叶和花

第十一节　萝藦科

　　萝藦科，多年生草本、藤本或攀缘灌木。极少为直立灌木或乔木。约180属2200种，分布于世界热带、亚热带，少数温带地区。中国产44属245种，分布于西南及东南部为多，少数在西北与东北各省区。

　　玉米田常见的萝藦科植物主要有萝藦、鹅绒藤、地梢瓜等，常缠绕在玉米植株上，与玉米争夺地上部生育空间，抑制玉米的光合作用，而且影响玉米的机械收获。可在玉米的3～5叶期采用硝磺草酮、烟嘧磺隆、莠去津、砜嘧磺隆等进行茎叶喷雾处理。

一、萝藦 *Metaplexis japonica* (Thunb.) Makino

（一）识别要点

　　多年生草质藤本。地下有横走根状茎，黄白色。茎幼时密被短柔毛，老时被毛渐脱落，长达8 m，具白色乳汁。单叶对生，叶卵状心形，长5～12 cm，宽4～7 cm；正面绿色，背面粉绿色，两面无毛，或幼时被微毛，老时被毛脱落，叶柄顶端具丛生腺体。总状式聚伞花序腋生或腋外生，着花通常13～15枚；

花萼裂片披针形，轮状花冠白色，有淡紫红色斑纹，副花冠环状，着生于合蕊冠上，短5裂，裂片兜状。蓇葖果纺锤形，平滑无毛，长8～9 cm。种子扁平，卵圆形。

（二）发生与危害特点

根芽和种子繁殖。花期7～8月，果期9～12月。分布于东北、华北、华东和甘肃、陕西、贵州、河南和湖北等省区。

▲ A. 萝藦危害状

▲ B. 萝藦植株

▲ C. 萝藦叶片

▲ D. 萝藦花

▲ E. 萝藦果实

二、鹅绒藤 *Cynanchum chinense* R. Br.

（一）识别要点

缠绕草本，全株被短柔毛，具白色乳汁。主根圆柱状，干后灰黄色。叶对生，宽三角状心形，长4～9 cm，宽4～7 cm，顶端锐尖，基部心形，正面深绿色，背面苍白色，两面均被短柔毛，脉上较密。伞形聚伞花序腋生，二歧，着花约20枚；花萼外面被柔毛，轮状花冠白色，裂片长圆状披针形，副花冠二形，杯状，上端裂成10个丝状体，分为两轮，外轮约与花冠裂片等长，内轮略短。蓇葖果双生或仅有1个发育，细圆柱状，长约11 cm，直径约5 mm，向端部渐尖。种子长圆形，种毛白色绢质。

（二）发生与危害特点

种子和根芽繁殖。花期6～8月，果期8～10月。春季由根芽萌发，实生苗多在秋季出土。在棉花、小麦、玉米、豆类和薯类等旱作物地亦时有发生。分布于东北的辽宁、华北大部及西北等省区。

▲ A. 鹅绒藤植株

▲ B. 鹅绒藤叶片

▲ C. 鹅绒藤花

萝藦、鹅绒藤特征比较

	相同点	不同点
萝藦	草质藤本，具白色乳汁	柱头丝状，伸至花药之外；果皮有瘤状突起
鹅绒藤	草质藤本，具白色乳汁	柱头不伸出雄蕊之外；果皮光滑

三、地梢瓜 *Cynanchum thesioides* (Freyn) K. Schum.

（一）识别要点

一年生草本，有时呈直立半灌木状。叶对生或近对生，线形，长 3 ～ 5 cm，宽 2 ～ 5 mm，叶背中脉隆起。伞形聚伞花序腋生；花萼外面被柔毛，花冠绿白色，副花冠杯状。蓇葖果纺锤形，长 5 ～ 6 cm，直径约 2 cm。种子扁平，暗褐色，种毛白色绢质。

（二）发生与危害特点

种子繁殖。花期 5 ～ 8 月，果期 8 ～ 10 月。地梢瓜为旱生植物，主要生长在沙质土和沙砾质土壤上，在沙壤土上也可生长。分布于东北、华北及西北等省区。为玉米田常见杂草。

▲ A. 地梢瓜危害状

▲ C. 地梢瓜叶片和果实

▲ B. 地梢瓜植株

第十二节　桑科

危害玉米的桑科杂草主要为葎草，可缠绕在玉米植株上，茎叶表面布满刺，俗称"拉拉秧"，为农事操作带来很多不便，较难防治，可在玉米播后苗前选用莠去津、乙草胺、异丙甲草胺进行土壤封闭处理，在玉米的 3 ～ 5 叶期选用氯氟吡氧乙酸、辛酰溴苯腈、烟嘧磺隆、莠去津、2- 甲 -4- 氯异辛酯等进行茎叶处理，玉米的生长后期如有发现及时进行人工拔除。

一、葎草 *Humulus scandens* (Lour.) Merr.

（一）识别要点

一年生或多年生缠绕草本，茎、枝、叶柄均具倒钩刺。叶圆形，多为掌状 5 ～ 7 深裂，长宽均 7 ～ 10 cm，基部心脏形，表面粗糙，疏生糙伏毛，裂片边缘具锯齿，有叶柄。雄花黄绿色，组成圆锥花序，雌花序球果状，子房为苞片包围，柱头 2，伸出苞片外。瘦果。

（二）发生与危害特点

种子繁殖。3 ～ 4 月出苗，花期 7 ～ 8 月，果期 9 ～ 10 月。除新疆、青海、西藏外，其他各省区均有分布。

▲ A. 葎草危害状

雄花序

▲ C. 葎草雌花序

雌花序

▲ B. 葎草雄花序

第十三节 马齿苋科

马齿苋科植物约有 20 属 580 种,中国现有 2 属 7 种。广泛分布在河岸边、池塘边、沟渠旁和山坡草地、田野、路边及住宅附近,几乎随处可见。其抗旱能力极强,它的茎可储存水分,再生力很强,几乎可以在任何土壤中生长。并且相当耐阴,对温度变化也不敏感,10℃以上就可生长。

马齿苋科危害玉米田的杂草主要为马齿苋,因其具有肉质茎、种子量大而较难防治。化学除草技术措施:以乙草胺、莠去津、异丙甲草胺进行播后苗期土壤封闭处理;在玉米的 3～5 叶期选用烟嘧磺隆、莠去津、2,4-滴丁酯、2-甲-4-氯异辛酯、砜嘧磺隆等进行茎叶处理。

一、马齿苋 *Portulaca oleracea* L.

(一)识别要点

一年生草本,全株无毛。茎肉质,平卧或斜升,长 10～15 cm,淡绿色或带暗红色。叶肉质,肥厚扁平,互生,有时近对生,叶片倒卵形,顶端圆钝或平截,似马齿状,长 1～3 cm,宽 0.6～1.5 cm,全缘,叶柄粗短。花无梗,常 3～5 枚簇生枝端,苞片 2～6,叶状,花萼 2,花瓣 5,稀 4,黄色,雄蕊 5,分离,子房半下位。蒴果卵球形,盖裂。

(二)发生与危害特点

种子繁殖。花期 5～8 月,果期 6～9 月。春、夏季都有幼苗发生,盛夏开花,夏末秋初果实成熟,果实种子量极大。性喜肥沃土壤,耐旱亦耐涝,拔除后可以暴晒数日而不死,生活力强,为田间常见杂草。

▲ A. 马齿苋危害状　　　　　　　　　　▲ B. 马齿苋群体

▲ C. 马齿苋植株　　　　　　　　　　　▲ D. 马齿苋花　　茎叶肉质

第十四节　蒺藜科

蒺藜科一般为灌木，也有少数是乔木或多年生草本植物，果实为蒴果，稀为浆果或核果。该科植物多数是重要的防风固沙植物，有的品种种子可榨取工业用油或提取染料。

蒺藜科植物蒺藜可危害大部分旱田作物，如玉米、棉花、大豆、谷子和花生等。玉米田一般采用硝磺草酮、烟嘧磺隆、砜嘧磺隆等进行茎叶喷雾处理，土壤封闭处理效果较差，一般不采用。

一、蒺藜 *Tribulus terrester* L.

（一）识别要点

一年生草本。茎平卧，枝长20～60 cm。偶数羽状复叶，对生；小叶成对排列，3～8对，矩圆形或斜短圆形，长5～10 mm，宽2～5 mm，被柔毛，全缘。花单生于叶腋，花梗短于叶，萼片5，花瓣5，黄色，雄蕊10，柱头5裂。果硬，有分果瓣5，边缘、下部常有锐刺各2枚。

（二）发生与危害特点

种子繁殖。华北地区花期5～8月，果期6～9月。生活力强，为田间常见杂草。分布于全国各地，长江以北最为普遍。

▲ A. 蒺藜危害状　　　▲ B. 蒺藜花　　　▲ C. 蒺藜果实

第十五节　葫芦科

葫芦科，草质藤本，有卷须；约110属700种，大部分布于热带地区，中国有约29属142种，南北均有分布，其中有些栽培供食用或药用。

危害玉米田的葫芦科植物主要有刺果瓜和小马泡，主要缠绕在玉米植株上，为后期的收割等农事操作带来极大不便。试验证明，常规的土壤封闭处理剂对刺果瓜和小马泡的防效较差，因此化学除草的重点应在玉米的苗期，在玉米的3～5叶期选用硝磺草酮、烟嘧磺隆、莠去津等除草剂及其复配制剂进行防除。

一、刺果瓜 *Sicyos angulatus* L.

（一）识别要点

一年生攀援草本，全株被硬毛。茎具棱槽，具卷须。叶互生，圆形或卵圆形，掌状3～5个浅裂，具叶柄。头状花序，花冠轮状，直径9～14 mm，黄色、淡黄色，子房下位。果实长卵圆形，密被硬刺。

（二）发生与危害特点

种子繁殖。属外来入侵物种，种子量大，且具针状刺，给农事操作带来极大不便。我国始见于2007年，现少有分布，但危害极重。

▲ A.刺果瓜危害状1　　▲ B.刺果瓜危害状2

▲ C.刺果瓜危害状3　　▲ D.刺果瓜卷须

▲ E. 刺果瓜幼苗

▲ G. 刺果瓜果实

▲ F. 刺果瓜花序

二、小马泡 *Cucumis melo* L. var. *agrestis* Naud

（一）识别要点

一年生草本，茎、枝及叶柄粗糙。茎匍匐。叶互生，叶片肾形或近圆形，长宽均为 6～11 cm，常掌状 5 浅裂，具叶柄。卷须纤细，不分枝。花两性，在叶腋内单生或双生，花萼淡黄绿色，花冠黄色，钟状，直径 2.2～2.3 cm，雄蕊 3，生于花被筒的口部，子房纺锤形，柱头 3。果实椭圆形，长 3～3.5 cm，直径 2～3 cm，幼时有柔毛，后渐脱落而光滑。种子多数，卵形，长 4～5 mm，宽 2.4 mm。

（二）发生与危害特点

种子繁殖。花期 5～7 月，果期 7～9 月。为中国的特有植物。一般生于田边路旁，目前尚未由人工引种栽培。分布于山东、安徽、江苏和河北等，危害严重。

▲ A. 小马泡危害状 1

▲ B. 小马泡危害状 2

▲ C. 小马泡花 1

▲ D. 小马泡花 2

▲ E. 小马泡果实

第十六节　莎草科

　　莎草科为单子叶植物纲的禾草样草本植物，多数具根状茎少有兼具块茎，大多数具有三棱形的秆。分布于潮湿地区。中国有 28 属 500 余种，广布于全国，多生长于潮湿处或沼泽中。

　　莎草科植物中危害玉米田的主要有香附子和莎草等，一般较难防除，可在玉米的 3～5 叶期采用吡嘧磺隆、硝磺草酮、噁草灵、莎草隆等进行茎叶喷雾处理。

一、香附子 *Cyperus rotundus* L.

（一）识别要点

多年生草本。匍匐根状茎长，具椭圆形块茎。高 15～95 cm，茎锐三棱形，平滑。叶片条形，宽 2～5 mm；鞘棕色，常裂成纤维状。叶状苞片 2～3 枚，稀 5 枚，多长于花序；辐射枝 2～10 个，最长达 12 cm；辐射枝上穗状花序的轮廓为陀螺形；小穗斜展开，线形，长 1～3 cm，小穗轴具较宽的、白色透明的翅；鳞片稍密地复瓦状排列，卵形或长圆状卵形，长约 3 mm，中间绿色，两侧紫红色或红棕色；雄蕊 3，柱头 3，花柱长，伸出鳞片外。小坚果长圆状倒卵形，三棱形。

（二）发生与危害特点

种子及根茎繁殖。花果期 5～11 月。生长于山坡荒地草丛中或水边潮湿处，是玉米田的重要杂草，分布于西北、华北、华南等省区。

▲ A. 香附子危害状　　　▲ B. 香附子群体

二、头状穗莎草 *Cyperus glomeratus* L.

（一）识别要点

一年生草本。具须根。叶秆散生，粗壮，高 50～90 cm，钝三棱形，平滑，具秆生叶。叶短，宽 4～10 cm，边缘不粗糙；叶鞘长，红棕色。叶状苞片 3～4 枚，较花序长，边缘粗糙；复出长侧枝聚伞花序具 3～8 个辐射枝，辐射枝长短不等，最长达 12 cm；小穗轴具白色透明的翅；鳞片排列疏松，膜质，近长圆形，棕红色，背面无龙骨状突起，脉极不明显；雄蕊 3，花药短，长圆形，暗血红色，花柱长，柱头 3。小坚果长圆形，三棱形，长为鳞片的 1/2，灰色，具明显的网纹。

▲ 头状穗莎草

（二）发生与危害特点

种子繁殖。花期 5～6 月，果期 7～9 月。玉米田的常见杂草，常生长于湿地、河岸、沼泽等处。广泛分布在东北、华北、内蒙古、江苏、浙江及云南等。

第十七节　唇形科

唇形科，多年生至一年生草本。半灌木或灌木，极稀乔木或藤本，为世界性分布，约有 220 属 6000 余种，中国有 99 属 800 余种，遍布南北各地。

唇形科植物中危害玉米田的主要有水棘针、薄荷、益母草、细叶益母草、夏至草、海洲香薷、香薷等，可采用乙草胺、异丙甲草胺、莠去津等进行土壤封闭处理，玉米的 3～5 叶期采用硝磺草酮、烟嘧磺隆、莠去津、砜嘧磺隆等进行茎叶喷雾处理。

一、水棘针 *Amethystea caerulea* L.

（一）识别要点

一年生草本，高 0.3～1 m。茎四棱形，被疏柔毛或微柔毛。叶对生，叶多三深裂，裂片披针形，边缘具粗锯齿或重锯齿，中间的裂片长 2.5～4.7 cm，宽 0.8～1.5 cm，两侧的裂片基部下延，叶柄具狭翅。花序为聚伞花序构成的圆锥花序；花萼钟形，萼齿 5，花冠二唇形，蓝色或紫蓝色，上唇 2 裂，下唇略 3 裂，下唇中裂片最大，雄蕊 4，前对着生于下唇基部，后对退化为假雄蕊，着生于上唇基部，线形或几无，子房顶端多少浅裂，花柱非顶生。小坚果倒卵状三棱形，背面具网状皱纹。

（二）发生与危害特点

种子繁殖。花期 8～9 月，果期 9～10 月。分布于东北、华北及西北等地，为常见的秋收作物田杂草，轻度危害玉米、大豆等作物。

▲ A. 水棘针危害状

▲ B. 水棘针植株

▲ C. 水棘针幼苗

第二章　我国玉米田常见杂草

107

二、薄荷 *Mentha haplocalyx* **Briq**

（一）识别要点

多年生草本。茎锐四棱形，高 30 ～ 60 cm，具匍匐根状茎。叶对生，叶片披针形至椭圆形，长 3 ～ 7 cm，宽 0.8 ～ 3 cm，边缘有锯齿，有叶柄。轮伞花序腋生；花萼管状钟形，10 脉，萼齿 5，花冠近辐射

▲ A. 薄荷群体

▲ B. 薄荷植株

▲ C. 薄荷幼苗

▲ D. 薄荷花

对称，红色、白色或淡紫色，4 裂，上裂片较大，先端 2 裂，其余 3 裂片略小，雄蕊 4，从基部上升，前对较长，均伸出于花冠之外，花药 2 室，室平行，子房 4 深裂或全裂，花柱着生于子房基部，花盘裂片与子房裂片互生。小坚果有干而薄的外果皮。

（二）发生与危害特点

种子和根状茎繁殖。苗期 5 ～ 6 月，花期 7 ～ 9 月，果期 8 ～ 10 月。分布于全国，为常见秋收作物田及路埂杂草，发生量小，对玉米、棉花、大豆及水稻等作物稍有危害。

三、益母草 *Leonurus artemisia* (Laur.) S. Y. Hu

（一）识别要点

一年或二年生草本，高 30 ～ 120 cm。茎钝四棱形。叶对生，叶片轮廓变化很大，茎下部叶轮廓为卵形，长 2.5 ～ 6 cm，宽 1.5 ～ 4 cm，掌状 3 裂，裂片呈长圆状菱形至卵圆形，裂片上再分裂；茎上部叶及花序下的苞叶，其上小裂片为长圆状线形或线状披针形，长 3 ～ 12 cm，宽 2 ～ 8 mm。轮伞花序腋生，组成长穗状花序；无花梗，花萼管状钟形，齿 5，前 2 齿靠合，后 3 齿较短，等长，唇形花冠粉红至淡紫红色，长 1 ～ 1.2 cm，伸出萼筒部分外被柔毛，上唇直伸，下唇略短或近等长，3 裂，中裂片倒心形，侧裂片细小，雄蕊 4，平行，前对较长，子房全 4 裂，花柱着生于子房基部。小坚果长圆状三棱形。

（二）发生与危害特点

种子繁殖。花期 6 ～ 9 月，果期 9 ～ 10 月。生长于多种生境，全国各地均有分布。为常见的果园及路埂杂草，常成片生长，玉米田发生量较小。

小裂片较宽，
宽 2 ～ 8 mm

▲ A. 益母草叶及花

花冠较小，长
1 ～ 1.2 cm，下
唇较上唇略短或
近等长

▲ B. 益母草花序

四、细叶益母草 *Leonurus sibiricus* L.

（一）识别要点

一年或二年生草本，高 20 ～ 80 cm。茎钝四棱形。叶对生，基生叶卵形或圆形，浅裂至深裂。茎中部、上部叶为卵形，长 5 cm，宽 4 cm，掌状 3 深裂，裂片上再羽状 3 裂，小裂片线形，宽 1 ～ 3 mm。花序最上部苞叶的中裂片通常仍 3 裂，小裂片宽 1 ～ 2 mm；轮伞花序腋生，向顶渐次密集组成长穗状；花冠二唇形，粉红至紫红色，长约 1.8 cm，上唇长约 1 cm，外面密被长柔毛，下唇比上唇短 1/4 左右，3 裂，中裂片倒心形，先端微缺，二强雄蕊，子房全 4 裂，花柱着生于子房基部。小坚果长圆状三棱形。

（二）发生与危害特点

种子繁殖。花期 7 ～ 9 月，果期 9 月。分布于内蒙古、河北北部、山西及陕西北部等省区。为常见的果园及路埂杂草，常成片生长，玉米田发生量较小。

▲ A. 细叶益母草危害状

下唇比上唇短
1/4 左右

▲ C. 细叶益母草花序

小裂片窄细，线形，
宽 1 ～ 2 mm

▲ B. 细叶益母草叶片

五、夏至草 *Lagopsis supina* (Steph.) Ik.-Gal.

（一）识别要点

多年生草本。茎披散于地面或上升，高 15 ～ 35 cm，四棱形。基生叶圆形或卵圆形，长宽均 1.5 ～ 2 cm，掌状 3 浅裂或深裂，裂片无齿或有稀疏圆齿，有叶柄。轮伞花序；花萼合生，5 齿，唇形花冠白色，稀粉红色，稍伸出于萼筒，长约 7 mm，外面被绵状长柔毛，上唇长，直伸，全缘，下唇短，3 浅裂；二强雄蕊，藏于花冠筒内，花丝无毛，子房全 4 裂，花柱着生于子房基部。每花中多结 4 个小坚果，小坚果长卵形。

（二）发生与危害特点

种子繁殖。全年生长，种子萌发可当年开花结果，也可幼苗越冬，翌年开花结果。全国各地广泛分布，轻度危害玉米。

▲ A. 夏至草危害状

▲ B. 夏至草植株

▲ C. 夏至草幼苗

基生叶卵形或圆形，浅裂至深裂

▲ D. 夏至草叶片

▲ E. 夏至草花

六、香薷 *Elsholtzia ciliata* (Thunb.) Hyland.

（一）识别要点

一年生草本，高 30 ～ 50 cm。具密集的须根。茎钝四棱形。叶互生，卵形或椭圆状披针形，长 3 ～ 9 cm，宽 1 ～ 4 cm，边缘具锯齿，下面散布松脂状腺点，有叶柄，边缘常具叶基下延形成的狭翅。穗状花序长 2 ～ 7 cm，花偏向花序轴同一侧；苞片不连合，卵圆形或扁圆形，颜色渐退成绿色；萼齿 5，前 2 齿较长，花冠唇形，淡紫色，约为 3 倍花萼长，上唇直立，先端微缺，下唇 3 裂，中裂片较长，二强雄蕊。小坚果长圆形。

（二）发生与危害特点

种子繁殖。花期 7 ～ 9 月，果期 10 月。除新疆及青海外分布于全国，在东北及西北部分地区对旱地农田有较重的危害。

花序偏向一侧

▲ A. 香薷危害状

▲ B. 香薷叶片

第十八节 车前科

车前科，一年生或多年生草本。也有灌木，或水生。以车前属为最大，约265种，广布于全世界。

车前科植物中危害玉米田的主要有大车前、车前、平车前等，主要以二甲戊灵、乙草胺、莠去津等进行土壤封闭，玉米生长期采用硝磺草酮、烟嘧磺隆、2,4-滴丁酯等进行茎叶处理。

一、大车前 *Plantago major* L.

（一）识别要点

二年生或多年生草本。须根多数。叶基生呈莲座状，平卧、斜展或直立，叶片大，宽卵形至宽椭圆形，长3～30 cm，宽2～21 cm，长通常不及宽的2倍，边缘波状、疏生不规则牙齿或近全缘，脉3～7条，具长叶柄。穗状花序细圆柱状；苞片宽卵状三角形；花无梗，有花萼，花冠白色，雄蕊明显外伸，花药通常初为淡紫色，稀白色，干后变淡褐色。蒴果近球形、卵球形或宽椭圆球形。种子卵形、椭圆形或菱形。

（二）发生与危害特点

种子或根芽繁殖。春、秋季出苗，花期6～8月，果期7～9月。农田常见，数量不多危害不重。分布于东北、华北、西北、华南及西藏等省区。

▲ A. 大车前植株

▲ B. 大车前花序

花药通常初为淡紫色

二、车前 *Plantago asiatica* L.

（一）识别要点

二年生或多年生草本。属须根系。叶莲座状基生，平卧、斜展或直立，叶宽卵形至宽椭圆形，长4～12 cm，宽2.5～6.5 cm，长通常不及宽的2倍，边缘波状、全缘或中部以下有锯齿、牙齿或裂齿，叶脉5～7条，在叶片上排列成弧形，有叶柄。穗状花序，花序梗疏生白色短柔毛；花具短梗，有花萼，花冠白色，无毛，花药白色，干后淡褐色。蒴果卵形。种子椭圆形，背腹面微隆起。

（二）发生与危害特点

种子繁殖。春季出苗，华北地区花期4～8月，果期6～9月，部分玉米田较多，危害较重。

▲ A. 车前植株

▲ B. 车前根系

须根系

▲ C. 车前叶片

叶小，长 4 ~ 12 cm，
长通常不及宽的 2 倍

▲ D. 车前花序

花具短梗；
花药白色

三、平车前 *Plantago depressa* **Willd.**

（一）识别要点

一年生或二年生草本。属直根系。叶基生呈莲座状，平卧至直立，叶椭圆形至卵状披针形，长3～12 cm，宽1～3.5 cm，长为宽的2倍以上，边缘具浅波状钝齿、不规则锯齿或牙齿，基部楔形，下延至叶柄，叶脉5～7条，在叶片上弧状排列，有叶柄。穗状花序；有花萼，花冠白色，花药白色或绿白色。蒴果。

（二）发生与危害特点

种子繁殖或自根茎萌生。秋季或早春出苗，花期6～8月，果期8～10月。分布于东北、华北、华南及西藏等地。玉米田常见杂草，危害较轻。

▲ A: 平车前幼苗

叶长为宽的2倍以上

▲ B: 平车前根系

直根系

▲ C: 平车前花序

花药白色

	相同点	不同点
大车前	叶基生，呈莲座状；穗状花序	须根系；叶长通常不及宽的 2 倍；花无梗；花药初期紫色
车前	叶基生，呈莲座状；穗状花序	须根系；叶长通常不及宽的 2 倍；花有短梗；花药初期白色
平车前	叶基生，呈莲座状；穗状花序	直根系；叶长为宽 2 倍有余；花有短梗；花药初期白色

第十九节　茜草科

　　茜草科，乔木、灌木或草本。有时为藤本，少数为具肥大块茎的适蚁植物；主要分布在东南部、南部和西南部，少数分布西北部和东北部。

　　茜草科危害玉米田主要为茜草。主要以二甲戊灵、乙草胺、莠去津等进行土壤封闭，玉米生长期采用硝磺草酮、2,4- 滴丁酯、烟嘧磺隆等进行茎叶处理。

一、茜草 *Rubia cordifolia* L.

（一）识别要点

　　多年生攀援草本，全株生有倒生皮刺。根状茎和其节上的须根均红色；茎通常 1.5 ～ 3.5 m，茎数至多条，4 棱。叶通常 4 片轮生，披针形或长圆状披针形，长 0.7 ～ 3.5 cm，边缘有齿状皮刺，多具基生三出脉，具叶柄。聚伞花序腋生和顶生，多回分枝，有花 10 余枚至数十枚；花冠淡黄色，直径 3 ～ 3.5 mm，花冠裂片近卵形。果球形，直径通常 4 ～ 5 mm，成熟时橘黄色。

（二）发生与危害特点

　　种子及根茎繁殖。花期 8 ～ 9 月，果期 10 ～ 11 月。适应性较强，分布于东北、华北、西北、四川及西藏等省区。

▲ A. 茜草群体

▲ B. 茜草蔓延

▲ C. 茜草花序

第二十节　十字花科

十字花科,约375属3200种,广布于全世界,主产北温带。中国有95属约411余种,全国各地均有分布,部分为栽培植物。

危害玉米田的十字花科杂草主要有沼生蔊菜、广州焊菜、风花菜、毛果群心菜、荠、碎米荠、离子芥和小花糖芥等10余种。一般常见于甘肃、内蒙古等西北冷凉地区玉米田,危害不重。化学除草技术措施:以乙草胺、莠去津、异丙甲草胺进行播后苗期土壤封闭处理;在玉米的3～5叶期选用烟嘧磺隆、莠去津、硝磺草酮、氯氟吡氧乙酸、砜嘧磺隆等进行茎叶处理。

一、沼生蔊菜 *Rorippa islandica* (Oed.) Borb.

(一)识别要点

一年或二年生草本,高10～50 cm。茎直立,单一成分枝,下部常带紫色。叶长5～10 cm,宽1～3 cm,叶形变化大,叶具齿、羽状深裂至全裂,常为大头羽裂,裂片边缘仍不规则浅裂或深裂,具叶柄;茎生叶向上渐小,近无柄。总状花序顶生或腋生,无苞片;萼片4,花瓣4,黄色,长倒卵形至楔形,雄蕊6。短角果椭圆形或近圆柱形,果实大小幅度上变化较大,长3～8 mm,宽1～3 mm。种子每室2行。

短角果近桩状,长3～8 mm

叶大,长5～10 cm,叶常为大头羽状全裂

▲B 沼生蔊菜单株及果实

花序顶生或腋生,花无苞片

▲A 沼生蔊菜危害状

▲C 沼生蔊菜花序

（二）发生与危害特点

种子繁殖。花期4～7月，果期6～8月。广泛分布于东北、华北、华南、新疆及贵州等省区。本种是广布种，随环境和地区不同在叶形和果实大小幅度上变化较大，如辽宁、吉林及新疆的部分植株果实很小。

二、广州蔊菜 *Rorippa cantoniensis* (Lour.) Ohwi

（一）识别要点

一年或二年生草本，高10～30 cm，植株无毛。茎直立或呈铺散状分枝。叶互生，基生叶阔卵形至椭圆形，具柄，叶片羽状浅裂或深裂，长4～7 cm，宽1～2 cm，裂片边缘具缺刻状齿，茎生叶渐缩小，渐无柄，基部耳状抱茎。总状花序顶生，每花均具叶状苞片，花近无柄；萼片4，花瓣4，黄色，倒卵形，雄蕊6，离生，近等长。短角果圆柱形，长6～8 mm，宽1.5～2 mm，成熟时纵裂。种子极多数，细小。本种叶片羽裂的深浅、裂片的大小及缘齿形状均多变化。

（二）发生与危害特点

种子繁殖。花期3～4月，果期4～6月。分布于华北、华中、华东、华南及台湾等省区。发生量小，危害较轻。

叶片略小，长4～7 cm羽状浅裂或深裂，无全裂

花序顶生，每花有苞片

▲ A. 广州蔊菜花序　　　　　　　　▲ B. 广州蔊菜果实

三、风花菜 *Rorippa globosa* (Turcz.) Hayek

（一）识别要点

一年或二年生直立粗壮草本，高 20～80 cm。叶长圆形至倒卵状披针形，长 5～15 cm，宽 1～2.5 cm，叶片边缘具不整齐粗齿，或羽状深裂、羽状全裂及大头羽裂，两面被疏毛，具柄，上部叶渐无柄。总状花序顶生或腋生，呈圆锥花序式排列；花小，萼片 4，花冠 4，黄色，雄蕊 6。短角果近球形，直径约 2 mm，熟时 4 瓣裂。

（二）发生与危害特点

种子繁殖。花期 4～6 月，果期 7～9 月。分布于江苏、山东、四川、内蒙古、辽宁、吉林、黑龙江等省区。

叶大，长 5～15 cm，叶形状多样，常为大头羽状全裂

▲ A. 风花菜危害状

花序顶生或腋生，花无苞片

短角果近球形，熟时 4 瓣裂

▲ C. 风花菜叶片

▲ B. 风花菜植株

	相同点	不同点
沼生蔊菜	叶有裂，花冠黄色	叶形状多样，常为大头羽状；花序顶生或腋生，花无苞片；短角果近圆柱状全裂
广州蔊菜	叶有裂，花冠黄色	叶具齿、羽状浅裂至深裂；花序顶生，每花具叶状苞片；短角果圆柱状无全裂
风花菜	叶有裂，花冠黄色	叶形状多样，常为大头羽状；花序顶生或腋生，花无苞片；短角果近球状全裂

四、毛果群心菜 *Cardaria pubescens* (C. A. Mey.) Jarm.

（一）识别要点

多年生草本，高 20 ～ 50 cm。基生叶有柄，倒卵状匙形，长 3 ～ 10 cm，宽 1 ～ 4 cm，边缘有波状齿，开花时枯萎；茎生叶倒卵形，长圆形至披针形，长 4 ～ 10 cm，宽 2 ～ 5 cm，边缘疏生尖锐波状齿或近全缘，基部心形，抱茎。圆锥花序；萼片 4，花瓣 4，白色，倒卵状匙形，长约 4 mm，顶端微缺。短角果球形或近球形，不开裂，果瓣有柔毛，有明显网脉。种子 1 个，无翅。

（二）发生与危害特点

种子繁殖。花期 4 ～ 7 月，果期 6 ～ 8 月。适生于潮湿环境。分布于东北、华北、西北，以及安徽、江苏、湖南、贵州、云南等省区。

花瓣 4，白色

▲ A. 毛果群心菜花序及群体

短角果球形或近球形，不开裂

▲ B. 毛果群心菜花序

五、荠 *Capsella bursa-pastoris* (L.) Medic.

（一）识别要点

一年或二年生草本，高 10 ～ 50 cm。基生叶丛生呈莲座状，长椭圆形，长可达 12 cm，宽可达 2.5 cm，叶缘多样，可为全缘、具不规则粗锯齿、大头羽状浅裂或深裂，侧裂片常 3 ～ 8 对，长圆形至卵形，顶端渐尖，具叶柄；茎生叶窄披针形或披针形，长 5 ～ 6.5 mm，宽 2 ～ 15 mm，边缘有缺刻或锯齿；叶两面颜色基本一致，为绿色。总状花序顶生及腋生，萼片长圆形；花冠 4，白色，卵形，长 2 ～ 3 mm，有短爪，雄蕊 6，为四强雄蕊。短角果倒三角形或倒心状三角形。

（二）发生与危害特点

种子繁殖。大部分在冬前出苗，越冬苗在土壤解冻后不久返青，迅速生长丛生叶和根，5 ～ 6 月开花，6 ～ 7 月种子成熟。越冬种子 4 ～ 5 月发芽出苗，与越冬植株同时或稍晚开花结实。喜较湿润而肥沃的土壤，亦耐干旱。大面积生时成片生长，强烈抑制作物生长。

▲ A. 荠幼苗

▲ B. 荠花序

▲ C. 荠果实

短角果心形

六、碎米荠 *Cardamine hirsuta* **L. var.** *hirsuta*

（一）识别要点

越年生或一年生草本，高 15 ～ 35 cm。茎直立或斜升，下部有时被较密柔毛。复叶互生；基生叶具叶柄，有小叶 2 ～ 5 对；顶生小叶肾形或肾圆形，长 4 ～ 10 mm，宽 5 ～ 13 mm，边缘有 3 ～ 5 圆齿，小叶柄明显；侧生小叶较小，有或无小叶柄；茎下部小叶较圆，上部小叶卵形、长卵形至线形，多数全缘。总状花序生于枝顶，有花梗；萼片 4，花瓣 4，白色，长 3 ～ 5 mm，花小。长角果线形，长达 30 mm。种子椭圆形，顶端有的具明显的翅。

复叶

▲ 碎米荠植株

（二）发生与危害特点

种子繁殖。冬前出苗，花期 2 ～ 4 月，种子 4 ～ 6 月成熟。生于较湿润肥沃的土壤中，为西北冷凉地区玉米田常见杂草。

七、离子芥 *Chorispora tenella* **(Pall.) DC.**

（一）识别要点

一年生草本，高 5 ～ 30 cm，植株具稀疏单毛和腺毛。基生叶丛生，宽披针形，长 3 ～ 8 cm，宽 5 ～ 15 mm，边缘具疏齿或羽状分裂；茎生叶较基生叶小，长 2 ～ 4 cm，宽 3 ～ 10 mm，边缘具数对凹波状浅齿或近全缘。总状花序疏展，果期延长，花淡紫色或淡蓝色；萼片 4，花瓣 4，长 7 ～ 10 mm，宽约 1 mm，具细爪。长角果圆柱形，略向上弯曲，具横节，喙向上渐尖，与果实顶端的界限不明显。种子长椭圆形，褐色。

花淡紫色或淡蓝色，长角果任狭

▲ 离子芥植株

（二）发生与危害特点

种子繁殖。黄河中游、下游 9 ～ 10 月出苗，花果期次年 3 ～ 8 月，种子 5 月起渐次成熟，经夏季休眠后萌发。生于海拔 700 ～ 2200 m，是西北地区常见的田间杂草。

八、小花糖芥 *Erysimum cheiranthoides* **L.**

（一）识别要点

一年、二年或多年生草本，高 20 ～ 50 cm，植株具 2 ～ 4 叉状毛，无星状毛。基生叶莲座状；茎生叶披针形或线形，长 2 ～ 6 cm，宽 3 ～ 9 mm，边缘具深波状齿或近全缘；叶两面具 3 叉毛。总状花序顶生，无苞片;萼片 4,花瓣 4,浅黄色,长圆形下部具爪,雄蕊内藏,花有中蜜腺。长角果圆柱形,成熟时开裂。种子每室 1 行,种子卵形。

（二）发生与危害特点

种子繁殖。种子休眠后萌发。10 月出苗,春季发生较少,花期 4 ~ 5 月,果期 5 ~ 8 月。广泛分布于全国各地。

▲ 小花糖芥植株

第二十一节　木贼科

木贼科为蕨类植物,具有极强的抗逆性和环境适应能力。木贼科杂草危害玉米田的主要有笔管草、草问荆和问荆等,一般分布于气候凉爽的玉米产区。主要的化学防治措施:可选用乙草胺、异丙甲草胺、二甲戊灵等进行苗前土壤封闭;在杂草出苗后、玉米出土前也可采用草甘膦茎叶喷雾处理;在玉米 3 ~ 5 叶期选用烟嘧磺隆、莠去津等进行茎叶处理。

一、笔管草 *Equisetum ramosissimum* Desf. subsp. *debile* (Roxb. ex Vauch.) Hauke

（一）识别要点

多年生草本。地上枝当年不枯萎,高 20 ~ 60 cm 或更多,枝上气孔下陷,呈单列;枝一型,孢子囊穗长在枝顶,棒状或椭圆形,顶端具小尖突;枝中部直径 3 ~ 7 mm,髓腔中空。成熟主枝上常有分枝,但不为典型轮状分枝;主枝有脊 10 ~ 20 条,脊的背部弧形,有一行小瘤或浅色小横纹;鞘筒下部绿色,顶部黑棕色;鞘齿 10 ~ 22 枚,上部膜质,黑棕色或淡棕色,常早落。侧枝较硬,圆柱状,脊和鞘齿数目少于主枝。

（二）发生与危害特点

种子繁殖。花期 5 ～ 7 月，果期 6 ～ 9 月。喜水，多生于潮湿的地块，一般性杂草，发生量小，危害小。分布于我国华南、华西及长江中上游各省区。

▲ A. 笔管草危害状

地上枝多年生

鞘齿上部膜质，黑棕色，早落

▲ C. 笔管草鞘齿

有分枝，但不为典型轮状分枝

▲ B. 笔管草植株

二、草问荆 *Equisetum pratense* Ehrhart

（一）识别要点

多年生草本。根茎黑棕色。地上枝当年枯萎，气孔位于地上枝的表面；枝二型，能育枝与不育枝同期萌发。能育枝禾秆色，高 15 ～ 25 cm，孢子囊穗顶生，顶端钝；不育枝高 30 ～ 60 cm，直径 2 ～ 2.5 mm。轮生分枝多，通常在 6 枝以上，分枝较平展，向上与主枝常成 45° ～ 90° 夹角；侧枝扁，柔软纤长，可达 20 cm；主枝有脊 14 ～ 22 条，每脊常有一行硅质小刺状或瘤状突起，略有粗糙感；鞘齿膜质，14 ～ 22 枚，宿存，不开张，不呈漏斗状。

（二）发生与危害特点

根茎繁殖为主，孢子也能繁殖。在北方，4 ～ 5 月生孢子茎，不久孢子成熟散出，孢子茎枯死；5 月中下旬生营养茎，9 月营养茎死亡。广泛分布于东北、华北及西北等地区，在东北地区危害较重。

▲ A. 草问荆危害状　　　　　　　　　　　▲ B. 草问荆植株

轮生分枝多，通常在 6 枝以上；分枝较平展；侧枝较长，可达 20 cm

三、问荆 *Equisetum arvense* L.

（一）识别要点

多年生草本。根茎黑棕色。地上枝当年枯萎，气孔位于地上枝的表面。枝二型；能育枝春季先萌发，黄棕色，无轮状分枝，鞘齿 9～12 枚；孢子囊穗圆柱形，长 1.8～4.0 cm，孢子散后能育枝枯萎；不育枝后萌发，高达 40 cm，轮生分枝多，分枝指向斜向上方，与主枝常成 30°～45° 夹角；分枝中实，柔软纤细，扁平状，长有时在 10 cm 以下，有时较长；不育枝的主枝、分枝上都有脊，脊上无棱，无硅质小瘤，有横纹；鞘齿 5～6 枚，黑褐色，有颜色较浅的、窄的膜质边缘，宿存。

地上枝当年枯萎

轮生分枝多，分枝指向斜向上方，与主枝常成 30～45 夹角

▲ A. 问荆危害状　　　　　　　　　　　▲ B. 问荆的茎

（二）发生与危害特点

孢子或根茎繁殖。生于溪边或阴谷，常见于河道沟渠旁、疏林、荒野和路边，潮湿的草地、沙土地、耕地、山坡及草甸等处。对气候、土壤有较强的适应性。喜湿润而光线充足的环境，生长适温白天 18 ～ 24℃，夜间 7 ～ 13℃，要求中性土壤。全国各地均有分布，为东北和华北地区玉米田常见杂草。

节节草、草问荆和问荆特征比较

	相同点	不同点
节节草	分枝细长，无明显叶	轮生分枝少，2 ～ 5 个；分枝指向斜向上方
草问荆	分枝细长，无明显叶	轮生分枝多，在 6 个以上；分枝平展，向上与主枝常成 45° ～ 90° 夹角
问 荆	分枝细长，无明显叶	轮生分枝多，在 6 个以上；分枝指向斜向上方，与主枝常成 30° ～ 45° 夹角

第二十二节　豆科

豆科为乔木、灌木、亚灌木或草本，直立或攀援，常有能固氮的根瘤植物。约 650 属 18 000 种，广泛分布于全世界。我国有 172 属 1485 种，各省区均有分布。

豆科杂草可危害玉米、小麦等多种作物。草木樨状黄耆、兴安胡枝子、草木樨、紫苜蓿、天蓝苜蓿、野大豆、绣球小冠花、大花野豌豆、狭叶米口袋和白花车轴草等偶见于玉米田。

豆科杂草具有培肥土壤的作用，如果发生较轻，可以不进行防治，低密度的豆科杂草有利于玉米产量的提高，但在密度较高的情况下则会造成减产。大量发生时以化学防治为主，必要时辅以人工拔除。可用乙草胺、异丙甲草胺、二甲戊灵、莠去津等进行土壤封闭，在玉米的生长期，用苯唑草酮、硝磺草酮、砜嘧磺隆、烟嘧磺隆、等进行茎叶喷雾处理。

一、草木樨状黄耆 *Astragalus melilotoides* Pall.

（一）识别要点

多年生草本，高 30 ～ 50 cm，被白色短柔毛或近无毛。奇数羽状复叶，互生；小叶 5 ～ 7 枚，具极短的叶柄与托叶，小叶长圆状楔形或线状长圆形，长 7 ～ 20 mm，宽 1.5 ～ 3 mm，两面均被白色细

羽状复叶，小叶 5 ～ 7

▲ A. 草木樨状黄耆

蝶形花冠白色

▲ B. 草木樨状黄耆花序

伏贴柔毛。总状花序生多数花，排列稀疏；花冠蝶形，小，白色或带粉红色，旗瓣长约 5 mm。荚果宽倒卵状球形或椭圆形，先端微凹，背部具稍深的沟。种子 4 ～ 5 颗，肾形。

（二）发生与危害特点

种子繁殖。5 月返青，6 月下旬～ 7 月上旬现蕾，7 ～ 8 月开花，8 月中旬～ 10 月上旬果实成熟。分布于长江以北各省区。

二、兴安胡枝子 *Lespedeza daurica* (Laxm.) Schindl.

（一）识别要点

多年生小灌木，高达 1 m。茎通常稍斜升，单一或数个簇生。羽状三出复叶；托叶线形；顶生小叶较大，长圆形或狭长圆形，长 2 ～ 5 cm，宽 5 ～ 16 mm，先端圆形或微凹，有小刺尖，基部圆形，正面无毛，背面被贴伏的短柔毛。总状花序腋生，较叶短或与叶等长，总花梗密生短柔毛；小苞片披针状线形，花萼 5 深裂，被毛，萼裂片披针形，先端长渐尖，成刺芒状，与花冠近等长，花冠白色或黄白色，旗瓣长圆形，长约 1 cm，中央稍带紫色，翼瓣长圆形，较短，龙骨瓣比翼瓣长，先端圆形；闭锁花生于叶腋，结实。荚果小，倒卵形或长倒卵形。

小灌木，羽状三出复叶，花多白色

▲ 兴安胡枝子花序

（二）发生与危害特点

种子繁殖。花期 7 ～ 9 月，果期 9 ～ 10 月。分布于全国各地。

三、草木樨 *Melilotus officinalis* (L.) Pall.

（一）识别要点

二年生草本，高 40 ～ 250 cm。羽状三出复叶；托叶镰状线形；叶柄细长，小叶倒卵形、阔卵形、倒

草本，羽状三出复叶，花黄色

荚果卵形

▲ A. 草木樨植株　　　　　▲ B. 草木樨花序及果实

披针形至线形，长 15 ～ 30 mm，宽 5 ～ 15 mm，边缘具不整齐疏浅齿，背面散生短柔毛。总状花序，长 6 ～ 20 cm，腋生，具花 30 ～ 70 枚，花序轴在花期中显著伸展；苞片刺毛状，萼钟形，花冠黄色，倒卵形，龙骨瓣稍短或与旗瓣、翼瓣均近等长，二体雄蕊。荚果卵形，有种子 1 ～ 2 粒。

（二）发生与危害特点

种子繁殖。花期 7 ～ 8 月，果期 8 ～ 9 月。喜生于潮湿地，也能耐旱，耐盐碱，抗寒，发生量较小，危害轻。分布于东北、华北及西南等省区。

四、紫苜蓿 *Medicago sativa* L.

（一）识别要点

多年生草本，高 30 ～ 100 cm。茎直立、丛生以至平卧。羽状三出复叶，互生；小叶长卵形、倒长卵形至线状卵形，等大，或顶生小叶稍大，长 5 ～ 40 mm，宽 3 ～ 10 mm，边缘三分之一以上具锯齿；有托叶。花序总状或头状，长 1 ～ 2.5 cm，具花 5 ～ 30 枚；花冠蝶形，长 6 ～ 12 mm，花冠各色，淡黄、深蓝至暗紫色。荚果螺旋状紧卷 2 ～ 6 圈，中央无孔或近无孔，直径 5 ～ 9 mm。种子卵形。

▲ A. 紫苜蓿群体

▲ B. 紫苜蓿花序

蝶形花冠

三出复叶

荚果螺旋状紧卷

▲ C. 紫苜蓿果实 1

▲ D. 紫苜蓿果实 2

（二）发生与危害特点

种子繁殖。花期5～7月，果期6～8月。生于田边、路旁、旷野、草原、河岸及沟谷等地，为玉米田一般性杂草，危害不重。

五、天蓝苜蓿 *Medicago lupulina* L.

（一）识别要点

一年、二年或多年生草本，高15～60 cm。茎平卧或斜升，多分枝。羽状三出复叶，互生；顶生小叶较大，侧生小叶略小，小叶倒卵形、阔倒卵形或倒心形，长5～20 mm，宽4～16 mm，边缘在上半部具不明显尖齿，两面均被毛，侧脉近10对，平行达叶边，几不分叉；具托叶、叶柄。花序小头状，具花10～20枚；花冠蝶形，黄色，长2～2.2 mm。荚果弯曲为肾形，不作螺旋转曲。种子卵形，褐色。

（二）发生与危害特点

种子繁殖，但种子萌发需经过3～4个月的休眠。9～10月开始出苗，花期4～6月。生于较湿润的田边、荒地或农田。分布于东北、华北、西北、华中、四川及云南等省区，在北方尤为普遍。

▲ A. 天蓝苜蓿群体　　　　　　　　　　　　▲ B. 天蓝苜蓿植株

▲ C. 天蓝苜蓿果实　　　　　　　　　　　　▲ D. 天蓝苜蓿花序

六、野大豆 *Glycine soja* Sieb. et Zucc.

（一）识别要点

一年生缠绕草本，长 1 ～ 4 m，全体疏被褐色长硬毛。羽状三出复叶，互生；具托叶；顶生小叶卵圆形或卵状披针形，较侧生小叶略大，长 3.5 ～ 6 cm，宽 1.5 ～ 2.5 cm，基部近圆形，全缘，两面均被糙伏毛。总状花序通常短，稀长达 13 cm；花小，长约 5 mm，花梗密生黄色长硬毛，苞片披针形，花萼钟状，裂片 5，花冠淡红紫色或白色，旗瓣近圆形，先端微凹，翼瓣斜倒卵形，龙骨瓣比旗瓣及翼瓣短小。荚果长圆形，长 17 ～ 23 mm，宽 4 ～ 5 mm，密被长硬毛，种子间稍缢缩，干时易裂，种子 2 ～ 3 颗。

▲ A. 野大豆危害状

▲ B. 野大豆花序

缠绕草本，三出复叶

▲ C. 野大豆果实

荚果长圆形，密被长硬毛曲

（二）发生与危害特点

花期5～6月，果期9～10月。分布在从寒温带到亚热带的广大地区，喜水耐湿，多生于山野、河流沿岸、湿草地、湖边、沼泽附近或灌丛中，稀见于林内和风沙干旱的沙荒地。除新疆、青海和海南外，遍布全国。

七、绣球小冠花 *Coronilla varia* **L.**

（一）识别要点

多年生草本，高50～100 cm。奇数羽状复叶，互生；小叶11～17片，椭圆形或长圆形，长15～25 mm，宽4～8 mm，先端具短尖头，基部近圆形，两面无毛；叶柄短。伞形花序腋生，密集排列成绣球状；花5～20枚，花冠蝶形，紫色、淡红色或白色，有明显紫色条纹，长8～12 mm。荚果细长圆柱形，稍扁，具4棱。种子长圆状倒卵形。

（二）发生与危害特点

种子繁殖。花期6～7月，果期8～9月。玉米田边偶见。

▲ 绣球小冠花花序

八、大花野豌豆 *Vicia bungei* **Ohwi**

（一）识别要点

一年、二年生缠绕或匍匐伏草本，高15～50 cm。茎有棱，多分枝。偶数羽状复叶，互生，顶端卷须有分枝；小叶3～5对，长圆形或狭倒卵长圆形，长1～2.5 cm，宽0.2～0.8 cm，先端平截微凹，稀齿状；托叶半箭头形。总状花序总花梗长，通常

▲ A. 大花野豌豆群落

▲ B. 大花野豌豆花序与卷须

长于叶，具花较少，2～5枚；萼钟形，萼齿披针形，蝶形花冠红紫色或蓝紫色，较大，长2～2.5 cm，旗瓣倒卵披针形，先端微缺。荚果扁长圆形，长2.5～3.5 cm，宽约0.7 cm。种子球形。

（二）发生与危害特点

种子繁殖。花期5～7月，果期6～8月。生于农田边、路旁或湿草地，多为小片群落。分布于东北、华北、西北及西南等省区。

九、狭叶米口袋 *Gueldenstaedtia stenophylla* Bunge

（一）识别要点

多年生草本。茎较短缩，全株被毛。奇数羽状复叶，互生；小叶7～19枚，早春生的小叶卵形，夏秋的线形，长0.2～3.5 cm，宽1～6 mm，两面被疏柔毛；托叶宿存，与叶柄基部贴生。伞形花序，具2～4枚花，总花梗被白色疏柔毛，在花期较叶为长；小花梗极短或近无梗，萼筒钟状，基部对称或近偏斜，花冠粉红色或淡粉色，旗瓣近圆形，翼瓣常具掌状脉，花柱内卷。荚果裂瓣不扭曲。种子肾形，具凹点。

（二）发生与危害特点

根茎萌生及种子繁殖。3月自根茎萌生，4～5月开花，5～7月结果。分布于内蒙古、河北、山西、陕西、甘肃、浙江、河南及江西北部等省区，为一般性杂草。

▲ A. 狭叶米口袋植株

▲ B. 狭叶米口袋花序

▲ C. 狭叶米口袋果实

十、白车轴草 *Trifolium repens* L.

（一）识别要点

多年生草本，高10～30cm。主根短，侧根和须根发达。匍匐茎蔓生，上部稍上升，全株无毛。掌状三出复叶，互生，具叶柄；托叶卵状披针形，膜质；小叶倒卵形至近圆形，长8～30 mm，宽8～25 mm，先端凹头至钝圆，基部楔形渐窄至小叶柄。头状花序球形，顶生，直径15～40 mm，具花20～80枚，密集；无总苞；萼齿5，蝶形花长7～12 mm，花冠白色、乳黄色或淡红色，具香气，旗瓣椭圆形，比翼瓣和龙骨瓣长近 1 倍，龙骨瓣比翼瓣稍短，子房线状长圆形。荚果长圆形。种子阔卵形，通常 3 粒。

（二）发生与危害特点

种子繁殖。江南花期 5 月，华北花期 7～8 月，果期 8～9 月。分布于东北、华北、西南，安徽、江苏、浙江及江西等省区。为一般性杂草，危害不大。

▲ A. 白车轴草群体

掌状三出复叶

▲ B. 白车轴草花序

头状花序

豆科几种植物特征比较

	相同点	不同点
草木樨状黄耆	草本，复叶，蝶形花冠	草本；奇数羽状复叶；总状花序；花黄色
兴安胡枝子	草本，复叶，蝶形花冠	小灌木；羽状三出复叶；总状花序；花白色黄白色
草木樨	草本，复叶，蝶形花冠	草本；羽状三出复叶；总状花序；花黄色
紫苜蓿	草本，复叶，蝶形花冠	草本；羽状三出复叶；花序总状或头状；花紫色
天蓝苜蓿	草本，复叶，蝶形花冠	草本；羽状三出复叶；花序小头状；花黄色
野大豆	草本，复叶，蝶形花冠	缠绕草本；羽状三出复叶；总状花序；花紫色
绣球小冠花	草本，复叶，蝶形花冠	草本；奇数羽状复叶；伞形花序；花粉紫色
大花野豌豆	草本，复叶，蝶形花冠	草本；羽状复叶，顶端具卷须；总状花序；花紫色
狭叶米口袋	草本，复叶，蝶形花冠	草本；奇数羽状复叶；伞形花序；花白色
白车轴草	草本，复叶，蝶形花冠	草本；掌状三出复叶；头状花序；花白色

第二十三节 毛茛科

毛茛科，多年生至一年生草本。少数为藤本或灌木，全世界广布。中国约有 41 属 725 种，分布于全国各地，大部产西南各省。

危害玉米田的毛茛科杂草主要有黄花铁线莲，防治方法以莠去津、乙草胺、异丙甲草胺等进行土壤封闭处理，配合玉米生长后期苯唑草酮、烟嘧磺隆、砜嘧磺隆、2,4-滴丁酯、2-甲-4-氯异辛酯等进行茎叶喷雾处理。

一、黄花铁线莲 *Clematis intricata* Bunge

（一）识别要点

草质藤本。茎多分枝，有细棱，近无毛。一至二回羽状复叶，对生；小叶 2 ～ 3 浅裂至全裂，中间裂片线状披针形、披针形或狭卵形，长 1 ～ 4.5 cm，宽 0.2 ～ 1.5 cm，全缘或有少数牙齿，两侧裂片较短，下部常 2 ～ 3 浅裂。聚伞花序腋生，通常为 3 花，有时单花；花萼 4，黄色，狭卵形或长圆形，无花瓣，雄蕊多数。瘦果卵形至椭圆状卵形，被柔毛，宿存花柱被长柔毛。

（二）发生与危害特点

种子繁殖。花期 6 ～ 7 月，果期 8 ～ 9 月。分布于青海东部、甘肃南部、陕西、山西、河北、辽宁、内蒙古西部和南部等省区。

▲ A. 黄花铁线莲危害状

▲ B. 黄花铁线莲幼苗

▲ C.黄花铁线莲花

▲ D.黄花铁线莲果实

第二十四节　石竹科

石竹科，一年生或多年生草本，稀亚灌木。约 80 属 2000 种，在世界范围内广泛分布。中国有 30 属约 388 种，全国各地均有分布，以北部和西部为主要分布区。

危害玉米田的石竹科杂草主要有鹅肠菜和繁缕等，一般可采用异丙甲草胺、乙草胺、莠去津等进行土壤封闭处理，在玉米的生长期采用硝磺草酮、烟嘧磺隆、2,4-滴丁酯等进行茎叶喷雾处理。

一、鹅肠菜 *Myosoton aquaticum* (L.) Moench

（一）识别要点

二年生或多年生草本。茎长 50～80 cm，下部匍匐，无毛，上部直立，被腺毛。叶对生，叶片卵形或宽卵形，长 2.5～5.5 cm，宽 1～3 cm，有时边缘具毛，下部叶具叶柄，上部叶常无柄。顶生二歧

▲ A.鹅肠菜危害状

▲ B.鹅肠菜群体

柱头5裂

▲ C. 鹅肠菜花序　　　　　　　　　　　　　　▲ D. 鹅肠菜柱头

花瓣5，2深
裂至基部

聚伞花序；苞片叶状，萼片5，分离，花瓣5，白色，2深裂至基部，裂片线形或披针状线形，长3～3.5 mm，比萼片短，雄蕊10，稍短于花瓣，子房1室，花柱5，线形。蒴果卵圆形，稍长于宿存萼片。种子近肾形。

（二）发生与危害特点

种子繁殖。花期5～8月，果期6～9月。生于河流两旁冲积沙地的低湿处、灌丛林缘和水沟旁，为玉米田主要杂草。我国南北各省均有分布。

二、繁缕 *Stellaria media* (L.) Cyr.

（一）识别要点

一年生或二年生草本，高10～30 cm。茎俯仰或上升，基部多少分枝，常带淡紫红色。叶对生，叶片宽卵形或卵形，长1.5～2.5 cm，宽1～1.5 cm，全缘，基生叶具长柄，上部叶常无柄或具短柄。疏聚伞花序顶生，花梗细弱；萼片5，花瓣5，白色，长椭圆形，比萼片短，深2裂达基部，裂片近线形，雄蕊3～5，短于花瓣，花柱3，线形。蒴果卵形，具多数种子。种子卵圆形至近圆形。

花柱3，线形

▲ A. 繁缕群体　　　　　　　　　　　　　　▲ B. 繁缕花序

（二）发生与危害特点

种子繁殖。花期 6 ～ 7 月，果期 7 ～ 8 月。喜温和湿润的环境，适宜的生长温度为 13 ～ 23℃。为常见的田间杂草，全国各省区均有广泛分布。

第二十五节　玄参科

玄参科，草本、灌木或少有乔木。约 200 属 3000 余种，广布于全球各地，多数在温带地区。中国产 56 属约 650 种，主要分布于西南部山地。

该科危害玉米田的主要杂草是地黄和通泉草，是常见杂草，但危害不重。可在玉米的苗期选用硝磺草酮、烟嘧磺隆等除草剂进行茎叶喷雾处理。

一、地黄 *Rehmannia glutinosa* (Gaetn.) Libosch. ex Fisch. et Mey.

（一）识别要点

多年生草本，高 10 ～ 30 cm，密被灰白色多细胞长柔毛和腺毛。根茎肉质，鲜时黄色。茎紫红色。

▲ A. 地黄危害状

▲ B. 地黄幼苗

▲ C. 地黄植株

▲ D. 地黄花

叶通常基生成莲座状，叶片卵形至长椭圆形，正面绿色，背面略带紫色或成紫红色，长 2 ～ 13 cm，宽 1 ～ 6 cm，边缘具不规则圆齿或钝锯齿以至牙齿，叶基部渐狭成柄；茎上叶互生，明显变小。总状花序顶生；萼齿 5，唇形花冠长 3 ～ 4.5 cm，外面紫红色，内面黄紫色，两面均被长柔毛，雄蕊 4 枚。蒴果卵形至长卵形。

（二）发生与危害特点

种子和根茎繁殖。华北地区 3 月萌发，花期 4 ～ 6 月，果期 4 ～ 7 月。分布于辽宁、河北、河南、山东、山西、陕西、甘肃、内蒙古、江苏及湖北等省区。为一般性杂草。

二、通泉草 *Mazus japonicus* (Thunb.) O. Kuntze.

（一）识别要点

一年生草本，高 3 ～ 30 cm。茎直立或斜升。基生叶倒卵状匙形至卵状倒披针形，长 2 ～ 6 cm，顶端全缘或有不明显的疏齿，基部下延成带翅的叶柄；茎生叶对生或互生，少数；叶无毛或具极细短柔毛。总状花序生于枝顶端，花稀疏；花萼钟状，裂片卵形，唇形花冠白色、紫色或蓝色，长约 10 mm，上裂片卵状三角形，下唇中裂片较小，稍突出，倒卵圆形，子房无毛。蒴果球形，无毛。

（二）发生与危害特点

种子繁殖。花果期较长，4 ～ 10 月相继开花结果。喜生潮湿的环境，危害较小，全国各地均有分布。

▲ A. 通泉草植株

▲ B. 通泉草花序

第二十六节　堇菜科

堇菜科，多年生草本、半灌木或小灌木，稀为一年生草本、攀援灌木或小乔木。约 22 属 900 种，广泛分布于全世界，但主要分布在温带、亚热带与热带高海拔山区。我国有 4 属 124 种，全国各地均有分布。

堇菜科植物一般喜凉爽潮湿的农田，危害玉米的主要有早开堇菜和紫花地丁，可采用乙草胺、异丙甲草胺等进行土壤封闭，也可在玉米的 3 ～ 5 叶期用苯唑草酮、硝磺草酮、莠去津等进行茎叶喷雾处理。堇菜科杂草一般对玉米危害较轻，在密度较低的情况下可以不用防治，而且有一定的培肥土壤的作用，但在发生密度较大时需要进行防治。

一、早开堇菜 *Viola prionantha* Bunge

（一）识别要点

多年生草本，高 3～20 cm。叶莲座状基生，叶长圆状卵形、卵状披针形或狭卵形，花期叶长 1～4.5 cm，宽 6～20 mm，果期叶片显著增大，长可达 10 cm，边缘密生细圆齿，具长叶柄，其上有狭翅；托叶 2/3 与叶柄合生。花单生，两侧对称，紫色或淡紫色，喉部色淡并有紫色条纹，直径 1.2～1.6 cm；上方花瓣向上方反曲，下方花瓣具距，距末端钝圆且微向上弯，雄蕊 2。蒴果长椭圆形。种子卵球形。

我国有百余种本属植物，其分类依据，除托叶与叶柄是否合生、叶形、叶裂外，还有花瓣内是否有须毛、花瓣是否反折、柱头顶部形状、是否具喙、柱头孔位置等特点，因而仅依据营养器官，难以分辨本属植物。

（二）发生与危害特点

种子和根状茎繁殖。花果期 4～9 月。分布于东北、华北、西北及西南一带。为玉米田一般性杂草，发生量小，危害轻。

▲ A. 早开堇菜危害状

▲ B. 早开堇菜植株

▲ C. 早开堇菜幼苗

▲ D. 早开堇菜花

▲ E. 早开堇菜果实

二、紫花地丁 *Viola philippica* Cav.

（一）识别要点

多年生草本。无地上茎，果期高可达20 cm。叶基生，莲座状，叶片为三角状卵形、狭卵状披针形或长圆状卵形，长1.5～4 cm，宽0.5～1 cm，果期叶片增大，长可达10 cm，宽可达4 cm，边缘具较平的圆齿，叶柄果期长可达10 cm，上部具较宽之翅；托叶膜质。花两侧对称，紫堇色或淡紫色，稀呈白色，喉部色较淡并带有紫色条纹，下方花瓣连距长1.3～2 cm，里面有紫色脉纹，距细管状，长4～8 mm，末端圆，雄蕊2，子房卵形。蒴果长圆形，长5～12 mm，无毛。

（二）发生与危害特点

根状茎和种子繁殖。花果期4～9月。生于田间、荒地、山坡草丛、林缘或灌丛中。全国各地均有分布。为玉米田一般性杂草，危害较轻。

▲ A. 紫花地丁幼苗

▲ B. 紫花地丁花

▲ C. 叶对比

第二十七节　伞形科

伞形科，通常为茎部中空的芳香植物，都是一年或多年生草本植物。约275属2850种，近于全球分布，以北温带最丰富。中国约95属525种，各地都有分布。

危害玉米田的伞形科植物主要是芫荽，几乎全国各地均有分布，但危害不重。可采用乙草胺、异丙甲草胺、莠去津、烟嘧磺隆等进行土壤封闭，玉米生长期如危害较轻，采用人工拔除即可。

一、芫荽 *Coriandrum sativum* L.

（一）识别要点

一年或二年生草本，高20～100 cm，有强烈气味。根生叶有柄，叶片一或二回羽状全裂，裂片阔卵形或圆形，长1～2 cm，宽1～1.5 cm，边缘有钝锯齿、缺刻或深裂；茎生叶三回至多回羽状分裂，末回裂片狭线形，长5～10 mm，宽0.5～1 mm。伞形花序顶生或与叶对生，伞辐3～7；小伞形花序具两性花及雌花3～9，花白色或带淡紫色，花瓣倒卵形，长1～1.2 mm，宽约1 mm，顶端有内凹的小舌片。果实圆球形，背面主棱及相邻的次棱明显。

▲ A. 芫荽危害状

伞形花序

▲ C. 芫荽花序

▲ B. 芫荽植株

▲ D. 芫荽果实　　　　　　　　　　　　　　　▲ E. 芫荽叶片

果球形

茎生叶多回羽状分裂，末回裂片狭线形

（二）发生与危害特点

种子繁殖。花果期 4～11 月。原产欧洲地中海地区，我国各省区均有栽培，偶见危害作物，为玉米田一般性杂草。

第二十八节　紫葳科

紫葳科，有乔木、灌木和藤本，少数草本。共有 110 属大约 650 种。中国约 13 属 60 余种，多分布于热带雨林地区。紫葳科具有很多热带植物的特征，如气生根，老茎生花现象等，大多数种类花大而美丽，色彩鲜艳，可栽培供庭园观赏或作行道树，少数种类产优良木材，少数种类入药。

紫葳科植物中危害玉米田的主要有角蒿，一般发生在空旷、路边的玉米地块。可在玉米 4～6 叶期采用硝磺草酮、砜嘧磺隆、烟嘧磺隆、莠去津等进行茎叶喷雾处理。

一、角蒿 *Incarvillea sinensis* Lam.

（一）识别要点

一年至多年生草本，高 80 cm。叶互生，长 4～6 cm，二至三回羽状细裂，末回裂片线状披针形，具细齿或全缘。总状花序顶生，疏散；花萼钟状，花冠略成二唇形，淡玫瑰色或粉红色，有时带紫色，二强雄蕊，花药成对靠合。蒴果细圆柱形，顶端尾状渐尖。种子扁圆形。

（二）发生与危害特点

种子繁殖。花期 5～9 月，果期 10～11 月。全国各地均有分布。玉米田危害较小。

▲ A. 角蒿植株

▲ B. 角蒿花

第二十九节 紫草科

紫草科，多为草本，少灌木或乔木。生于荒山田野、路边及干燥多石山坡的灌木丛中。约100属2000种，分布于世界的温带和热带地区，地中海区为其分布中心。中国有48属269种，遍布全国，但以西南部最为丰富。

紫草科植物危害玉米田的主要有附地菜、斑种草、多苞斑种草、柔弱斑种草、砂引草、田紫草和紫筒草，一般危害不重。可采用硝磺草酮、莠去津、烟嘧磺隆等在玉米的生育期茎叶处理，玉米生长期如危害较轻，采用人工拔除即可。

一、附地菜 *Trigonotis peduncularis* (Trev.) Benth. ex Baker et Moore

（一）识别要点

一年生或二年生草本。茎通常密集，铺散，高5～30 cm，被短糙伏毛。叶互生，基生叶呈莲座状，叶片匙形，长2～5 cm，两面被糙伏毛，有叶柄；茎上部叶长圆形或椭圆形，无叶柄或具短柄。卷伞状聚伞花序生茎顶，幼时卷曲，后渐次伸长，只在基部具2～3枚叶状苞片，其余部分无苞片；花梗短，花期顶端与花萼连接部分变粗呈棒状，花萼裂片卵形，先端急尖，花冠裂片5，淡蓝色或粉色，筒部甚短，喉部附属物5，花柱不分裂，柱头1。小坚果4，斜三棱锥状四面体形。

（二）发生与危害特点

种子繁殖。秋季或早春出苗，花期3～6月，果实5～7月成熟落地。在肥沃湿润的农田中常见大片分布，危害夏收作物、蔬菜及果树，局部农田发生量大，受害较重。

▲ A. 附地菜群体

▲ B. 附地菜植株

▲ C. 附地菜幼苗

花序初时拳卷

▲ D. 附地菜花序

仅花序下部有
少量苞片

▲ E. 附地菜苞片

二、斑种草 *Bothriospermum chinense* Bge.

（一）识别要点

一年生草本，高 20 ～ 30 cm，密生开展或向上的硬毛。叶互生，极少对生，基生叶及茎下部叶匙形或倒披针形，叶较大，通常长 3 ～ 12 cm，宽 1 ～ 1.5 cm，边缘皱波状或近全缘，两面均密被长硬毛及伏毛；茎中部及上部叶长圆形或狭长圆形，无柄。卷伞状聚伞花序；具苞片；花梗短，花萼裂片 5，裂至近基部，外面密生向上开展的硬毛及短伏毛，花冠淡蓝色，裂片 5，圆形，长宽约 1 mm，喉部有 5 个梯形附属物，花丝、花柱短，藏于花冠筒内，花柱不分裂，柱头 1。小坚果 4，肾形，腹面有椭圆形的横向凹陷。

（二）发生与危害特点

种子繁殖。晚秋或早春出苗，花期 3 ～ 6 月，果期 5 ～ 8 月。分布于甘肃、陕西、河南、山东、山西、河北及辽宁等省区。

▲ A. 斑种草植株

▲ B. 斑种草茎

叶大，长 3 ～ 12 cm，叶缘皱波状

喉部有 5 个梯形附属物

▲ C. 斑种草花

▲ D. 斑种草果实

三、多苞斑种草 *Bothriospermum secundum* Maxim.

（一）识别要点

一年或二年生草本，高 25 ～ 40 cm。茎被向上开展的硬毛及伏毛。叶互生，基生叶倒卵状长圆形，叶较小，长 2 ～ 5 cm，具叶柄；茎生叶长圆形或卵状披针形，无柄；两面均被硬毛及短硬毛。卷伞状聚伞花序顶生及腋生，每花下具苞片，二者依次排列，各偏于一侧；具花梗，花萼 5，裂至基部，裂片披针形外密生硬毛，花冠裂片 5，蓝色至淡蓝色，喉部具附属物梯形，长约 0.8 mm，花丝、花柱极短，藏于花冠筒内，花柱不分裂，柱头 1。小坚果 4，卵状椭圆形，密生疣状突起，腹面有椭圆形的纵向环状凹陷。

（二）发生与危害特点

种子繁殖。秋季或春季萌发，花期 5 ～ 7 月，果期 6 ～ 8 月。分布于东北、华北、西北、西南等省区。农田较少，多见于林地。

▲ A. 多苞斑种草群体　　　　▲ B. 多苞斑种草植株

▲ C. 多苞斑种草花　　　　▲ D. 多苞斑种草花序

四、柔弱斑种草 *Bothriospermum tenellum* (Hornem.) Fisch. et Mey

（ ）识别要点

一年生草本，高 15 ～ 30 cm，全株被向上贴伏的糙伏毛。叶椭圆形或狭椭圆形，长 1 ～ 2.5 cm，宽 0.5 ～ 1 cm。卷伞状聚伞花序细长；苞片椭圆形或狭卵形，花梗短，花萼裂片 5，花冠蓝色或淡蓝色，裂片 5，圆形，长宽约 1.2 mm，喉部有 5 个梯形的附属物，花丝、花柱短，藏于花冠筒内，花柱不分裂，柱头 1。小坚果 4，肾形，腹面具椭圆形的纵向环状凹陷。

（二）发生与危害特点

种子繁殖。苗期秋冬季或少量至翌年春季，花果期 2 ～ 10 月。在冷凉地区偶见于玉米田。

▲ A. 柔弱斑种草植株　　　　　　　　　▲ B. 柔弱斑种草的茎和花序

紫草科4种植物特征比较

	相同点	不同点
附地菜	花冠裂片 5，淡蓝色至蓝色	被短糙伏毛；叶较小，长 2 ～ 5 cm，叶缘不为皱波状
斑种草	花冠裂片 5，淡蓝色至蓝色	茎被开展的长硬毛；叶较大，长 3 ～ 12 cm，叶缘皱波状
多苞斑种草	花冠裂片 5，淡蓝色至蓝色	茎被开展的长糙伏毛；叶较小，长 2 ～ 5 cm，叶缘不为皱波状
柔弱斑种草	花冠裂片 5，淡蓝色至蓝色	茎被贴伏的长糙伏毛；叶较小，长 1 ～ 2.5 cm，叶缘不为皱波状

五、砂引草 *Messerschmidia sibirica* L.

（一）识别要点

多年生草本，高 10 ~ 30 cm，全株密生糙伏毛或白色长柔毛。有细长的根状茎。叶互生，披针形、倒披针形或长圆形，长 1 ~ 5 cm，宽 6 ~ 10 mm，无柄或近无柄。花序顶生；萼片披针形，钟状花冠黄白色，长 1 ~ 1.3 cm，裂片外弯，花冠筒较裂片长，花丝极短，长约 0.5 mm，着生花筒中部，子房无毛，略现 4 裂。核果椭圆形或卵球形，长 7 ~ 9 mm，密生伏毛，成熟时分裂为 2 个各含 2 粒种子的分核。

（二）发生与危害特点

种子繁殖。花期 5 月，果实 7 月成熟。分布于东北、华北及西北等省区。

▲ A 砂引草植株

▲ C 砂引草果实

▲ B. 砂引草花序

六、田紫草 *Lithospermum arvense* L.

（一）识别要点

一年生草本，高 15 ~ 35 cm，自基部或仅上部分枝有短糙伏毛。叶互生，倒披针形至线形，长 2 ~ 4 cm，宽 3 ~ 7 mm，先端急尖，两面均有短糙伏毛，无柄。聚伞花序生枝上部，长可达 10 cm，苞片与叶同形而较小，花序排列稀疏，有短花梗；花萼裂片线形，两面均有短伏毛，花冠高脚碟状，白色，有时蓝色或淡蓝色，裂片 5，裂片卵形或长圆形，长约 1.5 mm，稍不等大，喉部无附属物，但有 5 条延伸到筒部的毛带，雄蕊藏于花冠筒内，花柱不裂，柱头头状。小坚果无柄，三角状卵球形。

（二）发生与危害特点

种子繁殖。秋冬或翌年春季出苗，花果期4～8月。分布于东北、西北、华北、华南及新疆等省区。

▲ 田紫草幼苗

七、紫筒草 *Stenosolenium saxatile* (Pall.) Turcz.

（一）识别要点

多年生草本，高10～25 cm，密生开展的长硬毛和短伏毛。叶互生，基生叶和下部叶匙状线形或倒披针状线形，近花序的叶披针状线形，长1.5～4.5 cm，宽3～8 mm，两面密生硬毛，先端钝或微钝，无柄。花序顶生，逐渐延长，密生硬毛；苞片叶状，花具长约1 mm的短花梗，花萼裂片5，钻形，密生长硬毛，基部包围果实，花冠裂片5，蓝紫色，开展，紫色或白色，花冠筒细长，外面有稀疏短伏毛，雄蕊螺旋状着生花冠筒中部之上，内藏，花柱2裂。小坚果有短柄，着生面居短柄的底面。

▲ A. 紫筒草植株

▲ B. 紫筒草花序

（二）发生与危害特点

种子和根芽繁殖。根芽在早春或晚秋萌发。花期 4～5 月，果期 6～7 月。数量不多，危害不重。分布于东北、华北及西北等省区。

田紫草、紫筒草特征比较

	相同点	不同点
田紫草	叶常倒披针状，无柄，有糙伏毛	小坚果无柄
紫筒草	叶常倒披针状，无柄，有糙伏毛	小坚果有短柄

第三十节　景天科

景天科，草本、半灌木或灌木。在西南地区、热带干旱地区多有分布，主要野生于岩石地带、山坡石缝、林下石质坡地、山谷石崖等处。多数植物种类喜光照，喜湿润。中国约 10 属 242 种。

景天科危害玉米的植物主要有垂盆草和景天三七，可于生长期采用苯唑草酮、硝磺草酮、烟嘧磺隆等除草剂进行茎叶喷雾防治，或在玉米的生长期进行人工拔除。

一、垂盆草 *Sedum sarmentosum* Bunge

（一）识别要点

多年生草本。匍匐茎长 10～25 cm。3 叶轮生，叶倒披针形至长圆形，长 15～28 mm，宽 3～7 mm，先端近急尖，基部急狭，有距。聚伞花序，有 3～5 分枝；花无梗，萼片 5，披针形至长圆形，花瓣 5，黄色，披针形至长圆形，长 5～8 mm，先端有稍长的短尖，雄蕊 10，较花瓣短，心皮 5，长圆形，略叉开，有长花柱。种子卵形。

匍匐茎
3 叶轮生

▲ 垂盆草植株

（二）发生与危害特点

种子和根茎繁殖。生育期约 6 个月，春季种子萌发，5 月开花，6～7 月结果，种子随熟随落，秋后地上部分枯萎，对作物危害不大。

二、景天三七 *Sedum aizoon* L.

（一）识别要点

多年生草本。根状茎短粗，茎高 20～50 cm，无毛，不分枝。叶互生，狭披针形、椭圆状披针形至卵状倒披针形，长 3.5～8 cm，宽 1.2～2 cm，边缘有不整齐的锯齿，叶近革质。聚伞花序有多花，水平分枝，平展，下托以苞叶；萼片 5，线形，花瓣 5，黄色，长圆形至椭圆状披针形，长 6～10 mm，有短尖，雄蕊 10，较花瓣短，心皮 5，基部合生。蓇葖星芒状排列。

（二）发生与危害特点

种子和根茎繁殖。花期 6 ～ 7 月，果期 8 ～ 9 月。全国各地均有分布。对玉米危害较轻。

▲ A. 景天三七花序

直立茎，叶互生

▲ B. 景天三七花

第三十一节　蔷薇科

蔷薇科，草本、灌木或小乔木主产北半球温带。中国 51 属 1000 余种，全国各地均产。

蔷薇科植物中可危害玉米的有朝天委陵菜、委陵菜和蛇莓，危害不重。可采用莠去津、乙草胺、异丙甲草胺等进行土壤封闭，在玉米的生长期采用硝磺草酮、烟嘧磺隆、莠去津等进行茎叶处理。

一、朝天委陵菜 *Potentilla supina* L.

（一）识别要点

一年或二年生草本，全株疏被柔毛。茎长 20 ～ 50 cm。叶羽状复叶，有小叶 2 ～ 5 对，连叶柄长 4 ～ 15 cm；小叶互生或对生，无柄，最上面 1 ～ 2 对小叶基部常下延与叶轴合生，小叶片长圆形或倒卵状长圆形，长 1 ～ 2.5 cm，宽 0.5 ～ 1.5 cm，边缘有圆钝或缺刻状锯齿，两面绿色；具托叶。下部花自叶

▲ A. 朝天委陵菜群体

羽状复叶；小叶 2 ～ 5 对，边缘有圆钝锯齿；叶背面末密被白色绒毛

▲ B. 朝天委陵菜幼苗 1

▲ C. 朝天委陵菜幼苗 2

▲ D. 朝天委陵菜花

腋生，顶端呈伞房状聚伞花序；具副萼，花直径 0.6 ～ 0.8 cm，花瓣 5，黄色，与萼片近等长或较短，花柱近顶生，圆锥状，下粗上细，基部膨大，花托成熟时干燥。瘦果长圆形，相互分离。

（二）发生与危害特点

种子繁殖。越年生的 3 ～ 4 月返青，花果期 5 ～ 9 月。适生于水边、沙滩地，但危害不重。

二、委陵菜 *Potentilla chinensis* Ser.

（一）识别要点

一年生草本，高 20 ～ 70 cm，被稀疏短柔毛及白色绢状长柔毛。羽状复叶，互生，有小叶 5 ～ 15 对，连叶柄长 4 ～ 25 cm；小叶片对生或互生，上部小叶较长，向下逐渐减小，无柄，长圆形、倒卵形或长圆披针形，长 1 ～ 5 cm，宽 5 ～ 15 mm，边缘羽状中裂，裂片三角卵形，三角状披针形或长圆披针形，顶端急尖或圆钝，边缘向下反卷，正面绿色，背面密被白色绒毛，沿脉被白色绢状长柔毛；具托叶。伞房状聚伞花序，基部有披针形苞片；副萼片比萼片短约 1 倍且狭窄，花直径 0.8 ～ 1 cm，花瓣 5，黄色，花柱近顶生，下粗上细，圆锥状，基部微扩大。瘦果卵球形。

（二）发生与危害特点

种子繁殖。花果期 4 ～ 10 月。广泛分布于全国各地。

▲ A. 委陵菜植株

羽状复叶：小叶5～15对；边缘羽状中裂；背面密被白色绒毛
▲ B. 委陵菜幼苗

三、蛇莓 *Duchesnea indica* (Andr.) Focke

（一）识别要点

多年生匍匐草本。根茎短，粗壮；匍匐茎多数，长 30 ～ 100 cm，有柔毛。茎生叶互生，为三出复叶，小叶片倒卵形至菱状长圆形，长 2 ～ 5 cm，宽 1 ～ 3 cm，边缘有钝锯齿，两面皆有柔毛或正面无毛，具小叶柄；有托叶。花单生于叶腋，具副萼，花黄色，花瓣 5，直径 1.5 ～ 2.5 cm，雄蕊 20 ～ 30 个，心皮多数，离生，花托在果期膨大，肉质，鲜红色，有光泽。瘦果卵形。

（二）发生与危害特点

匍匐茎或种子繁殖。花期 4 ～ 7 月，果期 5 ～ 10 月。分布于辽宁以南各省区。

▲ A. 蛇莓花　　　　　▲ B. 蛇莓果

第三十二节　酢浆草科

酢浆草科，草本或乔木。世界共有 7 属 1000 种，分布于热带至温带。中国有 3 属约 13 种，全国各地均有分布。

酢浆草科植物中的酢浆草和红花酢浆草可危害玉米、棉花、大豆等旱田作物。玉米田常采用莠去津、乙草胺等进行土壤封闭，在玉米 4 ～ 6 叶期，利用苯唑草酮、硝磺草酮、烟嘧磺隆、莠去津、2,4 滴丁酯等进行茎叶喷雾。

一、酢浆草 *Oxalis corniculata* L.

（一）识别要点

一年生草本，高 10 ～ 35 cm，全株被柔毛。具直立茎或匍匐茎。托叶小，边缘被密长柔毛，基部与叶柄合生；叶基生或茎上互生，掌状三出复叶，小叶无柄，倒心形，长 4 ～ 16 mm，宽 4 ～ 22 mm，先端凹入，基部宽楔形。花单生或数朵组成伞形花序，腋生；小苞片 2，萼片 5，宿存，花瓣 5，黄色，花直径小于 1 cm，雄蕊 10，基部合生。蒴果长圆柱形。种子长卵形。

▲ A. 酢浆草群体

▲ B. 酢浆草幼苗

▲ C. 酢浆草花

（二）发生与危害特点

　　种子繁殖。华北地区 3 ～ 4 月出苗，花期 5 ～ 9 月，果期 6 ～ 10 月。全国各地均有分布，为玉米等旱田作物的常见杂草。

二、红花酢浆草 *Oxalis corymbosa* DC.

（一）识别要点

　　多年生直立草本。地下部分有球状鳞茎。叶基生，叶柄长 5 ～ 30 cm 或更长，被毛，小叶 3，扁圆状倒心形，长 1 ～ 4 cm，宽 1.5 ～ 6 cm，顶端凹入，两侧角圆形，基部宽楔形；托叶与叶柄基部合生。二歧聚伞花序，通常排列成伞形花序；苞片 2，萼片 5，花瓣 5，淡紫色至紫红色，花直径小于 2 cm，雄蕊 10 枚，5 长 5 短，子房 5 室，柱头浅 2 裂。

（二）发生与危害特点

　　鳞茎及种子繁殖。花果期 6 ～ 10 月。适生于潮湿疏松的土壤，为玉米等旱田作物常见杂草。

▲ A.酢浆草群体

▲ B.红花酢浆草花序

第三十三节　牻牛儿苗科

牻牛儿苗科，一年或多年生草本，稀为亚灌木或灌木，间有软木质。广泛分布于温带、亚热带和热带山地，主要产于南非及南美。我国共 4 属约 50 种，主产西南部。

牻牛儿苗科植物中危害玉米田的主要是牻牛儿苗。可用乙草胺、异丙甲草胺、二甲戊灵、莠去津等进行土壤封闭，在玉米的生长期，用苯唑草酮、硝磺草酮、砜嘧磺隆、烟嘧磺隆等进行茎叶喷雾处理。

一、牻牛儿苗 *Erodium stephanianum* Willd.

（一）识别要点

多年生草本，全株被柔毛。茎长 15～50 cm，仰卧或蔓生。叶对生，具长柄，上部叶柄渐短，叶片轮廓卵形或三角状卵形，长 5～10 cm，宽 3～5 cm，二回羽状深裂，小裂片卵状条形，全缘或具疏齿；具托叶。伞形花序腋生，总花梗上具花 2～5；萼片 5，稀 4，花瓣 5，稀 4，紫红色，倒卵形，等于或稍长于萼片，雄蕊花丝紫色，雌蕊花柱紫红色。蒴果成熟时果瓣由基部向上呈螺旋状卷曲，内面具长糙毛。

▲ A.牻牛儿苗危害状

▲ B. 牻牛儿苗植株　　　▲ C. 牻牛儿苗花　　　▲ D. 牻牛儿苗果

（二）发生与危害特点

种子和幼苗繁殖。冬前出苗，花果期4～8月，种子成熟时蒴果卷裂，种子弹出。常生于山坡草地或河岸沙地。为常见的果园、茶园及路埂杂草，发生量较大，危害较重，偶有侵入麦田或玉米田。分布长江中下游以北的华北、东北、西北、四川西北和西藏等省区。

第三十四节　远志科

远志科，草本、灌木或乔木。我国有4属51种9变种，全国各地均有分布，而以西南和华南地区最盛。喜凉爽气候，耐干旱、忌高温、多野生于较干旱的田野、路旁及山坡等地。

远志科植物远志偶有危害玉米，可采用异丙甲草胺、二甲戊灵、莠去津等进行土壤封闭处理，玉米苗前或成株期后进行人工拔除。

一、远志 *Polygala tenuifolia* **Willd.**

（一）识别要点

多年生草本，高15～50 cm。主根粗壮，韧皮部肉质，浅黄色。茎多数丛生，直立或倾斜，被短柔毛。单叶互生，线形至线状披针形，长1～3 cm，宽0.5～3 mm，全缘，无毛或被极疏柔毛；近无柄。总状花序呈扁侧状生于小枝顶端，花稀疏；苞片3，长约1 mm，萼片5，3枚线状披针形，2枚花瓣状，带紫堇色，花瓣3，紫色，侧瓣斜长圆形，长约4 mm，基部与龙骨瓣合生，龙骨瓣较侧瓣长，具流苏状附属物，雄蕊8，花丝3/4以下合生成鞘，具缘毛，3/4以上两侧各3枚合生，中间2枚分离，子房扁圆形，顶端微缺，花柱弯曲，顶端呈喇叭形，柱头内藏。蒴果圆形，具狭翅。种子卵形，黑色，密被白色柔毛。

（二）发生与危害特点

种子和根茎繁殖。花期5～7月，果期7～9月。分布于东北、华北、西北、华中及四川等省区。

▲ A. 远志植株

▲ B. 远志花序 1

▲ C. 远志花序 2

第三十五节　麻黄科

麻黄科植物为多分枝的灌木、亚灌木或呈草本状。植株通常矮小，高 5 ～ 200 cm；或为缠绕灌木，茎直立或匍匐，次生木质部中有导管。少有危害玉米。可采用人工拔除或 2,4- 滴丁酯或草甘膦进行茎叶处理。

一、草麻黄 *Ephedra sinica* Stapf

（一）识别要点

小灌木常呈草本状。茎高 20 ～ 40 cm。分枝较少，木质茎短小，匍匐状；小枝圆，对生或轮生，节间长 2.5 ～ 6 cm。叶膜质鞘状，上部 2 裂（极少数 3），裂片锐三角形，反曲。雌雄异株；雄球花有多数密集的雄花，苞片通常 4 对，雄花有 7 ～ 8 枚雄蕊；雌球花单生枝顶，有苞片 4 ～ 5 对，上面一对苞片内有雌花 2 朵，雌球花成熟时苞片红色肉质。种子通常 2 粒。

▲ A. 草麻黄群体

▲ B. 草麻黄植株

（二）发生与危害特点

种子及根茎繁殖。花期 5 月，种子成熟期 7～8 月。分布于辽宁、吉林、内蒙古、河北、山西、河南及陕西等省区。偶有危害玉米田。

第三十六节　商陆科

商陆科，多年生高大草本或灌木，稀为乔木。直立，稀攀援；植株通常不被毛。喜生于湿润肥沃的地方。分布于北京、山东、江苏、浙江、江西、湖北、广西、云南等省区，多为栽培植物，偶有危害作物。

危害玉米田的商陆科植物有商陆和垂序商陆，偶有发生，一般以人工拔除为主。

一、商陆 *Phytolacca acinosa* Roxb.

（一）识别要点

多年生草本，高 0.5～1.5 m，全株无毛。根肥大，肉质，倒圆锥形，外皮淡黄色或灰褐色，内面黄白色。叶互生，椭圆形、长椭圆形或披针状椭圆形，长 10～30 cm，宽 4.5～15 cm；具叶柄。总状花序顶生或与叶对生，圆柱状，直立；有花梗，花两性，直径约 8 mm，花被片 5，白色、黄绿色，雄蕊 8～10，心皮通常为 8，分离，花柱短，直立。浆果扁球形。

（二）发生与危害特点

根茎及种子繁殖。种子春季萌发，花期 6～8 月，果期 8～10 月。果实落地后植株地上部分死亡；种子在土壤中越冬，翌年春季萌发，生育期长。除东北、内蒙古、青海、新疆外，其他各地均有分布。

▲ A. 商陆植株

花序直立

▲ B. 商陆花序

二、垂序商陆 *Phytolacca americana* L.

（一）识别要点

多年生草本，高 1 ～ 2 m。根肥大，倒圆锥形。茎直立，圆柱形，有时带紫红色。叶互生，叶片椭圆状卵形或卵状披针形，长 9 ～ 18 cm，宽 5 ～ 10 cm，顶端急尖，基部楔形；具叶柄。总状花序顶生或侧生；花白色，后带红晕，直径约 6 mm，花被片 5，雄蕊、心皮及花柱通常为 10，心皮合生。果序下垂；浆果扁球形，熟时紫黑色。

（二）发生与危害特点

种子繁殖。花期 6 ～ 8 月，果期 8 ～ 10 月。一种入侵植物，原产北美洲。种子可通过鸟类等传播，全株有毒，根及果实毒性最强，需要引起警惕，偶有危害玉米。

▲ A. 垂序商陆群体

花序、果序下垂

▲ B. 垂序商陆花序 1

▲ C. 垂序商陆花序 2

▲ D. 垂序商陆果实

第三章

玉米田常用除草剂及其作用原理

第一节　除草剂的分类及作用原理

除草剂是用以消灭或控制杂草生长的农药，是目前防除杂草最有效的物质，其分类具有相对性和针对性。

一、按除草剂有效成分的来源分类

（一）无机除草剂

无机除草剂主要包括一些选择性较差的无机化合物，如叠氮钠、氯酸盐类、硫酸铜等，这些化合物既可用于除草，也具有一定的杀菌活性，同时对人畜的毒性也很高。

（二）有机合成除草剂

有机合成除草剂是当今除草剂市场上的主流，按照化学结构又可分为：苯氧羧酸类、苯甲酸类、芳氧基苯氧丙酸类、环己烯酮类、吡啶类、三酮类、酰胺类、磺酰脲类、三氮苯类等（详见本章第二节）。

（三）生物（源）除草剂

生物（源）除草剂是指利用生物活体或其代谢产物来防除杂草。目前，在世界范围内获得登记的生物除草剂有 Camperico、Devine、Collego、CASST、Biomal、Sarritor 等 20 多个品种。我国是生物除草剂发展最早的国家之一，鲁保 1 号和生防剂 F798 分别是利用分离自菟丝子和向日葵列当的刺盘孢（*Colltotrichum gloesporioidespeny*）和镰刀菌（*Fusarium orobanches*），将其孢子加工成粉状剂型，用于防治上述两种寄生性种子植物。河北农业大学真菌毒素与植物分子病理学实验室近 10 年来一直致力于微生物（源）除草剂的研制和开发工作，目前已从 30 多个真菌属的 378 株真菌和 197 株细菌筛选到了灰葡萄孢（*Botrytis cinerea*）BC-1，瓜果腐霉（*Pythium aphanidermatum*）PA1，小孢拟盘多毛孢（*Pestalotiopsis microspora*）PM-1 和铜绿假单胞菌（*Pseudomonas aeruginosa*）CB-4 等 10 多个具有高除草活性的菌株，并进行了制剂加工和田间药效试验。结果表明，这些菌株可安全用于玉米田除草，且效果明显（图 3-1 和图 3-2）。

二、按除草剂对玉米和杂草的作用分类

（一）选择性除草剂

选择性除草剂是指在一定的环境条件与用量范围内，能够有效地防治杂草而不伤害作物的除草剂。此类除草剂能防除杂草，而不伤害苗木和作物，如莠去津可安全用于玉米生育期的茎叶处理、敌稗可用于稻田的安全除草、精喹禾灵可用于苗圃等进行茎叶处理防除禾本科杂草等。

1. 形态结构的选择性

植物具有不同的形态特征，如禾本科植物，其叶片表面的角质层和蜡质层厚，叶面积小，茎、叶直立，顶端分生组织为叶所保护，因而对药剂抵抗力较强，不容易发生药害；而有的双子叶植物具有较薄的角质层和蜡质层，叶面积大，叶片与主茎夹角接近直角，因而容易接受药液的雾滴，且生长点裸露，故对药剂反应敏感，容易受到药害；玉米在形态结构上与阔叶草差异较大，在同样的施药条件下，玉米的着药量少，如 2,4- 滴丁酯等除草剂对玉米相对安全而对阔叶草高效。

▲ 图 3-1　灰葡萄孢代谢产物的除草效果

▲ 图 3-2　瓜果腐霉代谢产物的除草效果

2. 人为选择性

利用某些除草剂持效期短、分解快的特点，在播种前施药能够杀死绝大多数一年生杂草的幼芽，待到播种或移栽时药剂持效期已过或已经分解，可以达到消灭杂草而不伤害苗木或作物的目的。因此，可于玉米播种前或出苗前施用持效期短的除草剂，能够有效地防除已出土的杂草，而对玉米安全。

一般植物和苗木的根在土壤中分布较深，而杂草多在土壤表层发芽，根系较浅。因此，将除草剂施于土表，可达到除草的目的。例如，乙草胺在玉米播种后出苗前用做土壤处理，在土壤表层下形成 1 ～ 2 cm 深的药剂处理层，杂草在萌发时，幼芽与药剂接触，从而杀死杂草，而玉米根系较深或播种在药土层以下不易接触药剂，因此比较安全；在玉米 8 叶期以后利用草甘膦进行定向或保护喷雾，杂草接触药剂而很快表现症状，而玉米则被保护而免受药剂的伤害。

3. 生理生化选择性

生理选择性主要指杂草和作物对药剂吸收和传导的差异而产生的选择性。例如，2,4- 滴丁酯在阔叶杂草体内传导速度大于在单子叶植物体内的传导速度，因而可安全用于玉米田苗后茎叶处理。

生化选择性主要指利用除草剂在作物和杂草体内生物化学反应的差异而产生的选择性。有些植物吸收了本身无毒性的除草剂之后，能将其转化为有毒的化合物而被杀死，如 2- 甲 -4- 氯丁酸本身对藜等杂草活性较差，但在 β- 氧化酶的催化作用下能脱去两个碳原子而转化为有毒性的 2- 甲 -4- 氯（图 3-3）；有些除草剂本身可能毒性较大，但在某些酶或非酶物质的作用下，能将除草剂结构中有毒的化学基团钝化，如莠去津可安全用于玉米田除草，是因为玉米体内存在玉米酮、谷胱甘肽等解毒物质（图 3-4）。

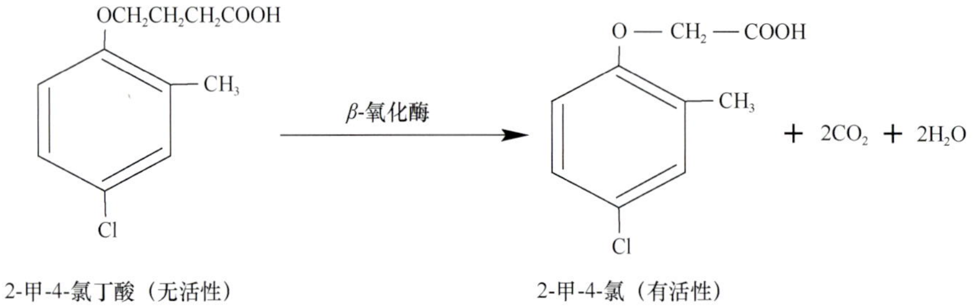

▲ 图 3-3　2- 甲 -4- 氯丁酸的生物化学选择性

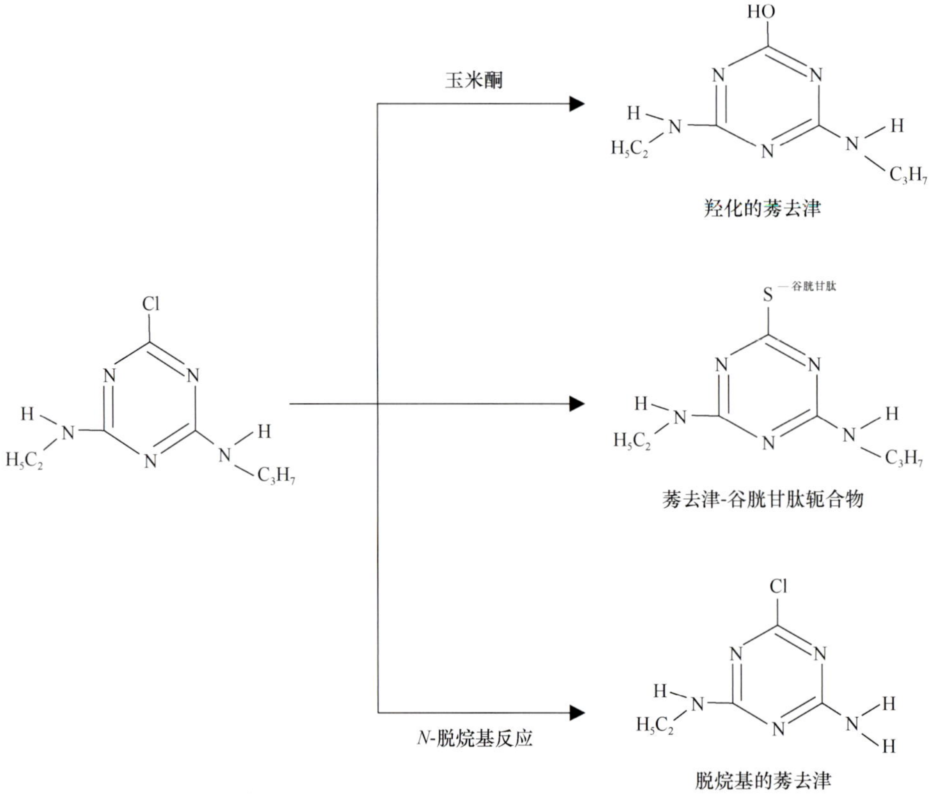

▲ 图 3-4　莠去津的生物化学选择性

（二）非选择性除草剂

非选择性除草剂又称灭生性除草剂，是指在正常用量下，对作物和杂草无选择地全部杀死的除草剂。如百草枯、草甘膦和五氯酚钠等，此类除草剂只要接触到绿色植物，均能将其杀死。

三、按除草剂在植物体内的移动性分类

（一）触杀型除草剂

触杀型除草剂被植物吸收后，不在植物体内移动或移动范围较小，只起局部杀伤作用，仅植株接触药剂的部位受害（图3-5）。在使用过程中应当使杂草的各个部位都最大限度地接触药剂。但若不能将全部生长点杀死，则杂草容易恢复生长，所以在杂草幼苗期使用效果较好。触杀型除草剂对作物产生的药害较轻，容易在短时间内恢复，因而基本不影响作物的产量。

（二）传导型除草剂

传导型除草剂又称内吸型除草剂。此类除草剂进入杂草体内后，能够在植物体内进行共质体或非共质体传导，随植物的营养液运送到植物的顶芽、

▲ 图3-5 触杀型除草剂的症状

幼叶和根尖，使植物畸形生长而死亡。此类除草剂的最大特点是接触植物后能很快传导到全株，杀草彻底，特别是有些品种对多年生恶性杂草杀伤力强。生产上多数除草剂品种均属于内吸传导型，如均三氮苯类、脲类、有机磷类等。此类药剂使用后作用速度较慢，一般7天左右表现症状，14天以后陆续死亡，因而如果使用剂量较大或技术操作不当，容易对作物产生药害。例如，草甘膦是一种高效、低毒、广谱和内吸传导非选择性叶面喷施的芽后除草剂，用草甘膦喷洒茎叶后，24 h就可传导到全株，一周就可使杂草茎叶变黄失绿，最后枯死（图3-6）。

盆栽

大田

▲ 图3-6 传导型除草剂的症状

1.植物对除草剂的吸收

植物对化学除草剂的吸收，主要是依靠茎叶和根系。植物的种类不同，对除草剂的吸收作用也不同，因而表现出不同的除草效果；有的植物幼苗，在穿过除草剂处理的土壤层时，幼茎、胚芽鞘也有很好的吸收作用；另外，种子也有吸收作用。

（1）茎叶吸收

植物的茎叶可吸收除草剂，尤其是植物的叶表面。植物的表面大部分都有角质层，尤其是植物叶片表面最为明显，干旱地区植物的角质层比较厚，有些角质层外面还有一层厚度不同的蜡质层，角质层和蜡质层对植物起保护作用，用于防御外界环境的不良影响和调节植物体内的各种生理活动。因此，除草剂能否穿透角质层是决定除草活性的最主要因素。一般而言，亲脂性的除草剂更容易通过角质层进入植物体内，水溶性的药剂则通过植物表面的水孔、气孔和纤维素部分而进入植物体内。除草剂加入湿润剂和渗透剂后，能够提高药剂在植物表面的附着和渗透性，从而更容易进入到植物体内。从19世纪70年代末期，世界上逐步开发出一系列茎叶处理除草剂品种，其中在玉米上已应用的有2,4-滴丁酯、戊乐灵和莠去津等。

（2）根部吸收

杂草根部没有起保护作用的角质层，尤其幼根没有特殊的保护组织，因而更容易吸收水分。而除草剂进入根部的主要途径是依靠浓度的扩散作用随水分移动到共质体或质外体。因此，土壤的湿度和含水量是影响根部吸收的主要因素，湿度过高或灌溉后，土壤含水量升高，使除草剂在土壤中的浓度降低，因而影响除草效果；而湿度过低则会加大除草剂在土壤有机质或黏粒表面的附着，导致除草效果的下降。因此，保持一定的土壤含水量有利于植物根部对除草剂的吸收。均三氮苯类除草剂（如莠去津）用于玉米播后苗前进行土壤处理，随着水分通过杂草根部渗入导管，通过蒸腾作用流向生长点而造成杂草死亡，可得到很好的除草效果。植物导管不是活细胞组成，不受药剂数量、浓度的影响。理论上除草剂剂量越大，杂草的吸收速度越快，则除草效果越好，但为了安全起见，用量要恰当。

（3）幼芽吸收

土表除草剂一般依靠杂草的幼芽进行吸收，如二硝基苯胺类除草剂。

2.除草剂在植物体内的运输与传导

（1）共质体传导

除草剂随光合作用产物通过细胞质和细胞间的原生质丝（胞间连丝），穿过相连的细胞壁，从一个细胞转移到另一个细胞，筛管的筛孔将除草剂传导到各部位。叶面处理的除草剂进入杂草组织后，随光合作用产物沿筛管向生长旺盛的顶芽、幼叶、根尖传导，从而杀死杂草。

（2）质外体（或称非质体）传导

植物体各细胞原生质外围的细胞壁与胞间空隙是相互连接成一片的，除草剂主要在细胞壁间移动，中间经过凯氏带而进入木质部。除草剂随水分向上传导，运送到其他部位。例如，1956年发现的具有高度除草活性的西玛津与草达津均为三氮苯类除草剂，一般不通过质体膜进入共质体，而是沿质体外系统进入木质部而传导。

（3）共质体-质外体传导

有的除草剂，如茅草枯、毒莠定、麦草畏等，可以通过共质体传导，也可以在质体外传导。

3.影响除草剂吸收和传导的因素

要想苗后除草剂有效地防除杂草，必须使除草剂喷洒到杂草的茎叶上，渗入叶内，传导到作用部位，并有足够的时间保持有效状态，以便药效发挥。除草剂的传导速度和吸收数量，容易受到环境条件、遗传因素及杂草生长阶段的影响。一般来说，一年生杂草幼苗期、多年生杂草开花到结实期间对除草剂最为敏感。温度高时，杂草对药剂的吸收传导速度快；幼嫩杂草的传导、转运能力比老龄杂草强；光合作用强，对药剂吸收快，杀草作用强；空气湿度大，气孔开放，除草剂易进入则效果好。在使用这些除草剂时，需要采取耕耙、混土等措施，减少药剂的损失，增加药剂的利用率，以提高除草效果。

四、按除草剂使用方法分类

（一）茎叶处理剂

以茎叶处理法施用的除草剂称为茎叶处理剂，通过杂草的茎叶或根系吸收或接触除草剂，如 2,4- 滴丁酯、盖草能、草甘膦等。由于茎叶处理型除草剂具有针对性强、受土壤质地和湿度影响小等优点，近年来在各种作物中的使用率正在逐渐增加。

（二）土壤处理剂

以土壤处理法施用的除草剂称为土壤处理剂，一般通过杂草的根、芽吸收而发挥除草作用。玉米田可在播后苗前采用乙草胺、异丙甲草胺、二甲戊乐灵等除草剂进行土壤封闭处理。但土壤类型、气象条件、杂草种类等因素均能影响土壤处理剂的效果，因此这种类型除草剂药效不稳定。

第二节　玉米田常见除草剂种类及特点

一、酰胺类除草剂

酰胺类除草剂主要用于播后苗前土壤处理，土壤中的持效期一般 1~3 个月，选择性强，对一年生禾本科杂草的生物活性高，对多年生杂草和部分阔叶杂草的防除效果差。

（一）乙草胺（acetochlor）

1. 理化性质

棕色或紫色透明液体，比重 1.12 g/cm^3，沸点 162℃ /933 Pa，不易挥发和光解，水中溶解度 223mg/L（25℃），能溶于多种有机溶剂。由于土壤对乙草胺的附性强，乙草胺在土壤中的移动性弱，阴离子表面活性剂可促进其在土壤中的迁移，阳离子表面活性剂则促进土壤对乙草胺的吸附性，降低其在土壤中的移动性；乙草胺在土壤中的半衰期为 8~18 天，土壤中的微生物能加快乙草胺的降解。

2. 生物活性

对禾本科杂草和部分双子叶杂草的生物活性高，如牛筋草、狗尾草、稗、马唐、早熟禾、画眉草、反枝苋、马齿苋、龙葵等。对多年生杂草无效。

3. 使用方法

播后苗前土壤喷雾。东北春玉米地区的有效成分用量 1500~1875 g/hm^2，其他地区 1080~1350 g/hm^2。可与莠去津、2,4- 滴丁酯、烟嘧磺隆、硝磺草酮等按照一定比例混配。

4. 常见含量和剂型

50% 乳油、900 g/L 乳油、990 g/L 乳油，50% 微乳剂，25% 微胶囊悬浮剂，50% 水乳剂。

5. 作用机理

单子叶植物对乙草胺的吸收主要通过胚芽鞘，双子叶植物主要通过下胚轴。有效成分进入植物体后会抑制细胞的有丝分裂，干扰核酸代谢和蛋白质合成，导致杂草的幼苗和幼根停止生长最后死亡。玉米、大豆等植物吸收乙草胺后可迅速将其代谢转化为无害物质。

6. 注意事项

乙草胺对眼睛、皮肤和呼吸道均有刺激作用，对水体环境长期有害，对水生生物中高毒。只能在杂草出苗前施药，杂草出苗后无效。

（二）异丙甲草胺（metolachlor）

1. 理化性质

无色至浅褐色液体，比重 1.12 g/cm³，沸点 100℃ /0.133 Pa，水中溶解度 488 mg/L（25℃），与苯、二甲苯、甲苯、二氯甲烷、二氯乙烷、己烷、甲醇混溶，不溶于乙二醇、丙醇、石油醚。土壤对异丙甲草胺的吸附能力低于乙草胺，土壤中的腐殖酸会增强其吸附能力，异丙甲草胺在土壤中的半衰期为 8.5~11.1 天。

2. 生物活性

对一年生禾本科杂草的生物活性高，如牛筋草、马唐、狗尾草、稗等，对反枝苋、马齿苋等部分阔叶杂草和碎米莎草也有一定防除效果，对铁苋菜防除效果差。

3. 使用方法

播后苗前土壤喷雾。东北春玉米田的有效成分用量 1296~1620 g/hm²，其他地区夏玉米田 1080~1350 g/hm²。可与乙草胺、莠去津按一定比例进行混配。

4. 常见含量和剂型

720 g/L 乳油、960 g/L 乳油、72% 乳油、88% 乳油。

5. 作用机理

通过胚芽鞘和幼根吸收，在植物体内抑制蛋白质和卵磷脂的合成。禾本科杂草对异丙甲草胺的吸收能力高于阔叶杂草，因此对禾本科杂草的防除效果高于阔叶杂草。

6. 注意事项

异丙甲草胺对鱼中低毒，对蜜蜂低毒，对皮肤有刺激性并可能产生过敏反应；土壤干旱时药后应迅速浅混土；覆膜地药后不需混土但应立即覆膜；异丙甲草胺的淋溶性强，因此多雨且土壤有机质小于 1.0 的沙土地不能使用。

（三）精异丙甲草胺（s-metolachlor）

精异丙甲草胺是异丙甲草胺去除了活性低的 R 型手性对映体而制成的，其生物活性和安全性均优于异丙甲草胺。

1. 理化性质

无色至浅褐色油状液体，比重 1.12 g/cm³，沸点 100℃ /2.66 Pa，水中溶解度 488 mg/L（25℃），与苯、二甲苯、甲苯、二氯甲烷、二氯乙烷、己烷、甲醇混溶，不溶于乙二醇、丙醇、石油醚。土壤对其吸附性低，半衰期为 9~12.7 天。

2. 生物活性

对一年生禾本科杂草的生物活性高，如牛筋草、马唐、狗尾草、稗等，对反枝苋、马齿苋等部分阔叶杂草和碎米莎草也有一定防除效果，对铁苋菜的防除效果差。

3. 使用方法

播后苗前土壤喷雾。东北春玉米田的有效成分用量 1152~1768 g/hm^2，夏玉米田 864~1224 g/hm^2。可与莠去津、特丁津等按一定比例混配。

4. 常见含量和剂型

960 g/L 乳油，40% 微胶囊悬浮剂。

5. 作用机理

通过胚芽鞘和幼根吸收，在植物体内抑制蛋白质和卵磷脂的合成。

6. 注意事项

参考异丙甲草胺相关内容。

（四）异丙草胺（propisochlor）

1. 理化性质

无色至浅褐色液体，比重 1.12 g/cm^3，水中溶解度 488 mg/L（25℃），与苯、辛醇、二甲苯、甲苯、二氯甲烷、二氯乙烷、二甲基甲酰胺、己烷、甲醇混溶，不溶于乙二醇、丙醇、石油醚。土壤对异丙草胺的吸附能力高于异丙甲草胺，土壤中的降解半衰期为 19~21.2 天。

2. 生物活性

对牛筋草、稗、狗尾草、谷莠子、马唐、反枝苋、藜等一年生禾本科杂草和部分双子叶杂草的生物活性高，对马齿苋、铁苋菜等的生物活性低，对苍耳、蓼、田旋花无效。

3. 使用方法

播后苗前土壤喷雾或玉米苗后早期茎叶喷雾。东北春玉米田有效成分用量 1620~2160 g/hm^2，其他地区夏玉米田 1296~1620 g/hm^2。可与莠去津、烟嘧磺隆、硝磺草酮按一定比例混配。

4. 常见含量和剂型

50% 乳油、70% 乳油、72% 乳油、720 g/L 乳油、900 g/L 乳油，30% 可湿性粉剂。

5. 作用机理

通过植物幼芽吸收，抑制蛋白质的合成。

6. 注意事项

异丙草胺对环境和动物低毒。本品燃点 110℃，属易燃品，应注意妥善保管；土壤湿度对异丙草胺的防除效果影响大，干旱土壤用药后应立即浅混土。

二、磺酰脲类除草剂

磺酰脲类具有生物活性高、杀草谱广、选择性强的特点，在植物体内通过抑制乙酰乳酸合成酶（ALS）的活性从而干扰侧链氨基酸（亮氨酸、异亮氨酸、缬氨酸）的合成，最终导致敏感植物的死亡。由于磺酰脲类除草剂的作用位点比较单一，连续使用几年后杂草极易产生抗药性，因此这类除草剂应与其他作用位点的除草剂交替使用，以延缓抗性杂草的形成。

（一）烟嘧磺隆（nicosulfuron）

1. 理化性质

无色晶体，密度 1.45 g/cm³，25℃时在有机溶剂中的溶解度分别为丙酮 18 g/kg，乙醇 45 g/kg，二甲基甲酰胺 64 g/kg，甲苯 0.37 g/kg，二氯甲烷 160 g/kg。烟嘧磺隆在玉米和土壤中的半衰期分别为 2 天和 6~14 天，低 pH、高有机质、黏性大的土壤对其吸附能力强。

2. 生物活性

对多种一年生禾本科杂草和阔叶杂草、莎草的生物活性高，可防除马唐、牛筋草、狗尾草、金色狗尾草、稗、反枝苋、莎草、刺儿菜、苣荬菜、龙葵、苘麻、苍耳、卷茎蓼、酸模叶蓼和问荆等。

3. 使用方法

适宜用药时期为玉米 3~5 叶期（杂草 3~6 叶期），茎叶喷雾用药，有效成分用量 40~60 g/hm²。可与莠去津、乙草胺、硝磺草酮、嗪草酸甲酯、2,4-滴丁酯、异丙草胺、氯氟吡氧乙酸等按一定比例混配。

4. 常见含量和剂型

40 g/L 悬浮剂，40 g/L 可分散油悬浮剂、60 g/L 可分散油悬浮剂、6% 可分散油悬浮剂、8% 可分散油悬浮剂，80% 可湿性粉剂，75% 水分散粒剂。

5. 作用机理

植物的叶片和茎吸收烟嘧磺隆后，被输导组织传导至分生组织，与乙酰乳酸合成酶的作用位点结合后抑制其生物活性，导致侧链氨基酸的合成受阻。敏感植物受害症状为停止生长，新叶褪色、坏死并逐渐扩大范围，最后整株死亡，死亡过程比较缓慢，需要 20~30 天。

6. 注意事项

烟嘧磺隆对环境低毒，对皮肤、眼睛、黏膜有刺激性。烟嘧磺隆会被碱性溶液分解而失去生物活性，禁止与有机磷类农药一起使用，二者使用至少间隔 7 天。正常条件下，用药后玉米的心叶会白化，生长也可能受到轻微抑制，但可以逐渐恢复，对产量基本没有影响。但玉米的喇叭口期为敏感时期，高温、高湿等环境条件会加重药害，因此半定向喷药以避开玉米的心叶，可有效减轻烟嘧磺隆的药害程度。玉米品种间对烟嘧磺隆的耐受程度差异很大，马齿型玉米的安全性最高，其次是硬质玉米，爆裂玉米和甜玉米的耐药性最差，应避免在这两类玉米上使用。

（二）砜嘧磺隆（rimsulfuron）

1. 理化性质

无色晶体，密度 1.50 g/cm³，25℃时在水中的溶解度 < 10 mg/L，熔点 172~177℃。土壤中易降解，

在玉米和土壤中的半衰期分别为 7~8 天和 10~11 天。

2. 生物活性

可以防治多种杂草，对马唐、狗尾草、稗草、反枝苋、苘麻、鸭跖草、苍耳、猪殃殃、繁缕等的生物活性高。

3. 使用方法

杂草 2~5 叶期茎叶定向喷雾，有效成分用量 18.75~22.5 g/hm²。可与莠去津、烟嘧磺隆、特丁津等按一定比例混配。

4. 常见含量和剂型

25% 水分散粒剂。

5. 作用机理

砜嘧磺隆在玉米、马铃薯等作物体内可迅速代谢为无害物质，玉米体内半衰期小于 1 h；杂草代谢缓慢，半衰期一般 1 天以上。砜嘧磺隆通过抑制侧链氨基酸的合成导致杂草停止生长，最终杂草被"饿死"。

6. 注意事项

甜玉米、爆裂玉米、糯玉米及制种田不宜使用砜嘧磺隆。

（三）噻吩磺隆（thifensulfuron-methyl）

1. 理化性质

无色无味晶体，密度 1.49 g/cm³，25℃时的溶解度：己烷＜ 0.1 g/L、二甲苯 0.2 g/L、乙醇 0.9 g/L、乙酸乙酯 2.6 g/L、乙腈 7.3 g/L、丙酮 11.9 g/L、二氯甲烷 27.5 g/L。土壤对噻吩磺隆的吸附能力弱，半衰期为 2.7~9.8 天。

2. 生物活性

防除一年生阔叶杂草，如藜、反枝苋、卷茎蓼、苘麻、铁苋菜、苍耳、龙葵等。

3. 使用方法

播后苗前土壤喷雾用药。东北春玉米地区的有效成分用量 30~37.5 g/hm²，其他地区 22.5~30 g/hm²。可与乙草胺、2,4-滴丁酯按一定比例混配。

4. 常见含量和剂型

75% 水分散粒剂，15% 可湿性粉剂、20% 可湿性粉剂、25% 可湿性粉剂、70% 可湿性粉剂、75% 可湿性粉剂。

5. 作用机理

阔叶杂草的幼苗通过下胚轴吸收噻吩磺隆后向全株传导，抑制侧链氨基酸的合成。

6. 注意事项

对环境低毒，对眼睛、皮肤有刺激作用。土壤湿度过大或干旱时不能施药；在土壤中容易降解，持效期 10 天左右。

三、三酮类除草剂

这类除草剂通过抑制对羟基苯基丙酮酸酯双氧化酶（4-HPPD）的活性而抑制光合作用，最终造成杂草死亡。目前在玉米田使用的这类除草剂品种不多，但都是重要的苗后茎叶处理剂。

（一）硝磺草酮（mesotrione）

1. 理化性质

纯品为淡黄色固体，原药为淡茶色至茶色不透明固体，常温下性质稳定，20℃时的溶解度：水 0.16 g/L，二甲苯 1.4 g/L，甲苯 2.7 g/L，甲醇 3.6 g/L，丙酮 76.4 g/L，二氯甲烷 82.7 g/L，乙腈 96.1 g/L。硝磺草酮在玉米和土壤中的半衰期分别为 3.1 天和 3.5~3.8 天。

2. 生物活性

可防除多种一年生阔叶杂草和禾本科杂草，如牛筋草、狗尾草、稗、藜、龙葵、反枝苋、蓼、马唐等，对铁苋菜防效低。

3. 使用方法

玉米苗后茎叶喷雾，用药时期为玉米 6 叶期前用药（杂草 2~5 叶期），有效成分用量 100~200 g/hm²。硝磺草酮可与莠去津、烟嘧磺隆、氰草津等药剂进行复配。

4. 常见含量和剂型

10% 可分散油悬浮剂，9% 悬浮剂、15% 悬浮剂、20% 悬浮剂、40% 悬浮剂、480 g/L 悬浮剂，75% 水分散粒剂。

5. 作用机理

可被植物叶片吸收，通过木质部和韧皮部传导，抑制对羟基苯基丙酮酸酯双氧化酶的活性，导致类胡萝卜素的生物合成受阻，抑制植物的光合作用。

6. 注意事项

该药剂对环境低毒，对眼睛有轻度刺激性。对甜玉米和糯玉米的安全性低，出现药害后可尽早喷施叶面保护剂，以减轻药害。

（二）苯唑草酮（topramezone）

1. 理化性质

米黄色粉末，常温下性质稳定。比重 1.425 g/cm³；20℃时的溶解度：二氯甲烷 25 g/L，二甲基甲酰胺 114 g/L，丙酮、乙腈、甲苯、甲醇＜ 10 g/L。

2. 生物活性

防除多种一年生杂草，如马唐、稗、牛筋草、野黍、狗尾草、藜、蓼、苘麻、反枝苋、豚草、曼陀罗、牛膝菊、马齿苋、苍耳、龙葵、一点红等。

3. 使用方法

苗后茎叶喷雾，用药时间为玉米 2~4 叶期（杂草 2~4 叶期）。有效成分用量 25~30 g/hm²，按照喷液量的 0.3%~0.5% 添加助剂（甲基化植物油）可显著提高苯唑草酮的防除效果。可与莠去津、烟嘧磺隆、嗪草酸甲酯、2- 甲 -4- 氯等除草剂按一定比例复配。

4. 常见含量和剂型

30% 悬浮剂。

5. 作用机理

通过植物的叶片和根吸收，向全株传导至分生组织，抑制对羟基苯基丙酮酸酯双氧化酶活性，致使酪氨酸积累，进而使质体醌和生育酚的生物合成受阻，最终影响到类胡萝卜素的生物合成，导致叶片白化失去光合作用的能力。玉米可迅速代谢苯唑草酮为无害物质，且在体内传导速度缓慢。

6. 注意事项

苯唑草酮对环境和动物低毒，对玉米的安全性高于硝磺草酮和烟嘧磺隆，但对马齿型玉米、甜玉米、爆裂玉米、自交系等类型的玉米需要先进行小范围试用。低温、干旱会降低苯唑草酮的除草效果。

（三）环磺酮（tembotrione）

1. 理化性质

米黄色粉末固体，相对密度 1.56 g/cm³，20℃时的溶解度：水 28.3 g/L（pH 7.0）、乙醇 8.2 g/L、甲苯 75.7 g/L、正己烷 47.6 g/L、丙酮 300~600 g/L、二氯甲烷＞ 600 g/L、二甲基亚砜＞ 600 g/L。

2. 生物活性

对多种阔叶杂草和狗尾草属杂草的生物活性高，阔叶杂草包括蓟属、旋花属、婆婆纳属、辣子草属、荨麻属、野藜属、春黄菊和猪殃殃等。可与特丁津、莠去津等按一定比例复配。

3. 使用方法

苗后茎叶喷雾处理，用药时间为杂草 2~4 叶期，有效成分用量 75~100 g/hm²。环磺酮使用时需要添加双苯噁唑酸以增加安全性和药效。

4. 常见含量和剂型

440 g/L 悬浮剂。

5. 作用机理

对羟基苯基丙酮酸酯双氧化酶抑制剂，通过抑制光合作用达到对杂草防除的目的。

6. 注意事项

对环境低毒，对眼睛、皮肤、呼吸道有强刺激性并会造成伤害。

四、杂环类除草剂

杂环类除草剂是发展很快的除草剂类型，主要包括吡唑类、吡啶类、咪唑啉酮类、联吡啶类等结构的化合物。

（一）氯氟吡氧乙酸（fluroxypyr）

1. 理化性质

浅褐色固体，熔点 56℃，常温下性质稳定，相对密度 1.09 g/cm³，20℃时溶解度：水 91 g/L、丙酮 51 g/L、甲醇 34.6 g/L、乙酸乙酯 10.6 g/L、异丙醇 9.2 g/L、二氯甲烷 0.1 g/L、甲苯 0.8 g/L，土壤中的半衰期 7.99~9.92 天。

2. 生物活性

防除一年生阔叶杂草，如空心莲子草、猪殃殃、卷茎蓼、马齿苋、龙葵、繁缕、大巢菜、田旋花、酸模叶蓼、柳叶刺蓼、反枝苋、鸭跖草、香薷、野豌豆、遏蓝菜、播娘蒿。对禾本科和莎草科杂草无效。

3. 使用方法

苗后茎叶喷雾，杂草 2~4 叶期用药，有效成分用量 180~210 g/hm²。可与烟嘧磺隆、莠去津等按一定比例复配。

4. 常见含量和剂型

200 g/L 乳油、288 g/L 乳油、20% 乳油。

5. 作用机理

内吸激素型除草剂，药后被植物吸收迅速，敏感植物呈现畸形、扭曲等症状，最终杂草死亡。抗性植物体内氯氟吡氧乙酸会形成轭合物而失去生物活性。

6. 注意事项

氯氟吡氧乙酸对环境低毒，对皮肤、眼睛、呼吸道有刺激性。本品易燃，注意防火。

温度对最终药效没有影响，但适宜的温度能加快杂草死亡的速度。药液中加入非离子表面活性剂能提高药效。

（二）百草枯（paraquat）

属于联吡啶类除草剂。

1. 理化性质

无色晶体，相对密度 1.24 g/cm³，20℃时在水中的溶解度为 700 g/L，几乎不溶于有机溶剂。紫外线下发生光分解，百草枯在土壤中的半衰期为 5.86~12.16 h。

2. 生物活性

对一年生杂草和植物的绿色部分有高生物活性，如马唐、牛筋草、稗草、谷莠子、狗尾草、反枝苋、铁苋菜、马齿苋等。对再生能力强或多年生的杂草仅造成绿色叶片部分的枯死，整株不易死亡。

3. 使用方法

用药方式为行间定向茎叶喷雾，用药时期为玉米 6~9 叶期，有效成分用量 300~600g/hm²。

4. 常见含量和剂型

50% 可溶性粒剂，200 g/L 水剂、20% 水剂，20% 可溶胶剂。

5. 作用机理

百草枯属触杀型除草剂，植物的叶片能迅速吸收百草枯但不能在体内传导，通过中止叶绿素的合成和光合作用达到除草目的。药效症状表现迅速，喷药后 2~3h 植物的叶片就会表现出枯死症状。

6. 注意事项

百草枯口服有致死性，吸入会导致鼻出血，手接触后指甲会变形；对鱼中毒。2016 年 7 月 1 日起国内禁止销售和使用百草枯水剂，可用剂型为可溶性粒剂和可溶胶剂。

光照和温暖的气温有利于药效发挥。

百草枯为灭生性除草剂，需要保护周围其他植物不能接触药液，否则产生药害。

（三）二氯吡啶酸（clopyralid）

属吡啶类除草剂。

1. 理化性质

白色或浅褐色粉末，20℃溶解度：水 1.0 g/L、丙酮 153 g/L、环己酮 387 g/L、二甲苯 6.5 g/L。土壤中半衰期为 3.8~4.7 天。

2. 生物活性

对菊科、豆科杂草的防除效果好，如苣荬菜、刺儿菜、大巢菜、稻搓菜、鬼针草等。

3. 使用方法

喷药方式为苗后茎叶喷雾，喷药时期为杂草 2~5 叶期，有效成分用量 150~300 g/hm²。可与烟嘧磺隆、甲基磺草酮、莠去津等按一定比例混配。

4. 常见含量和剂型

75% 可溶性粉剂，75% 可溶粒剂，75% 水分散粒剂，30% 水剂、300 g/L 水剂。

5. 作用机理

植物通过叶片和根吸收并在体内传导，能促进核酸的形成，产生过量的核糖核酸，造成根部过量生长，茎叶畸形，消耗大量养分，维管束丧失输导功能，最后杂草死亡。

6. 注意事项

对眼睛、皮肤、呼吸道有刺激性。

（四）嗪草酸甲酯（fluthiacet-methyl）

1. 理化性质

象牙白粉末，不溶于水。土壤中半衰期为 2.1~3.1 天。

2. 生物活性

防除一年生阔叶杂草，如苘麻、反枝苋、藜、马齿苋、蓼、龙葵等。对鸭跖草的防效低，对禾本科杂草无效。

3. 方法

用药方法为苗后茎叶喷雾，用药时期为玉米 3~6 叶期（杂草 2~4 叶期），有效成分用量：春玉米田 7.5~11.25 g/hm²，夏玉米田 6~9 g/hm²。可与烟嘧磺隆、莠去津按一定比例混配。

4. 常见含量和剂型

5% 乳油。

5. 作用机理

为触杀型茎叶处理剂，作用靶标是原卟啉原氧化酶，通过抑制酶的活性使原卟啉原积累，造成细胞质过氧化，导致细胞膜结构和功能的不可逆损害，药后 24 h 杂草叶片即有枯斑等药害症状。

五、三氮苯（三嗪）类除草剂

从 1952 年合成莠去津开始，三氮苯类除草剂由于具有成本低、杀草谱广、除草效果好等优点而得到广泛使用。三氮苯类除草剂主要用于播后苗前的土壤处理，吸收后通过抑制植物的光合作用达到除草目的。三氮苯类除草剂的选择性是由于玉米能迅速代谢这类除草剂，而杂草的代谢速度缓慢来达到的。

（一）莠去津（atrazine）

1. 理化性质

无色粉末，密度 1.378 g/cm³，20 ℃时的溶解度：水 33 g/L、氯仿 28 g/L、丙酮 31 g/L、乙酸乙酯 24 g/L、甲醇 15 g/L。土壤中半衰期为 20.6~33.2 天。

2. 生物活性

对阔叶杂草的生物活性高于禾本科杂草，对反枝苋、卷茎蓼、藜、马齿苋、酸浆、独行菜、萹菜、马唐、牛筋草、狗尾草、看麦娘、莎草的生物活性高。

3. 使用方法

播后苗前土壤喷雾或苗后茎叶喷雾。播后苗前用药时，东北春玉米田的有效成分用量 2025~2700 g/hm²，其他地区夏玉米田 1350~2025 g/hm²。苗后茎叶喷雾处理的用药时期为玉米 4 叶期（杂草 2~4 叶期），有效成分用量 1200~1500 g/hm²。可与烟嘧磺隆、苯唑草酮、硝磺草酮、辛酰溴苯腈、乙草胺、嗪草酸甲酯、2,4- 滴丁酯、异丙草胺等按一定比例混配。

4. 常见含量和剂型

25% 可分散油悬浮剂，38% 悬浮剂、50% 悬浮剂，48% 可湿性粉剂、80% 可湿性粉剂，90% 水分散粒剂。

5. 作用机理

主要通过根吸收并通过非共质体传导到芽，叶片也可吸收但不能向下传导，其作用靶标是光合系统

Ⅱ电子传递链中的 QB，抑制电子从 QA 传递到 QB。

6. 注意事项

莠去津是一种内分泌干扰物，对哺乳动物中毒，对鱼类和两栖动物影响严重，对藻类高毒；对眼睛、皮肤、呼吸道有刺激性。莠去津在地下水中的残留期达 105~200 天。

蔬菜，果树，大豆、小麦、水稻等其他作物对莠去津敏感。

（二）嗪草酮（metribuzin）

1. 理化性质

无色晶体，略有气味，常温下性质稳定，密度 1.31 g/cm³，20 ℃时的溶解度：水 1.05 g/L、二甲基甲酰胺 1780 g/L、环己酮 1000 g/L、三氯甲烷 850 g/L、丙酮 820 g/L、甲醇 450 g/L、二氯甲烷 333 g/L、苯 220 g/L、正丁醇 150 g/L、乙醇 190 g/L、二甲苯 90 g/L。土壤中半衰期为 14.4~17.7 天。

2. 生物活性

可防除部分一年生阔叶杂草，如反枝苋、马齿苋、鸭跖草等，对铁苋菜的效果差。

3. 使用方法

播后苗前土壤喷雾，东北春玉米田有效成分用量 570~795 g/hm²，其他地区的夏玉米田 367.5~577.5 g/hm²。可与乙草胺、2,4-滴丁酯按一定比例混配。

4. 常见含量和剂型

50% 可湿性粉剂、70% 可湿性粉剂，75% 水分散粒剂，44% 悬浮剂、480 g/L 悬浮剂。

5. 作用机理

主要通过杂草根部吸收，随蒸腾流向上传导，叶部吸收后移动距离短。用药后不影响杂草的出苗，杂草出苗后光合作用受到抑制，最终导致杂草死亡。

6. 注意事项

嗪草酮对环境低毒，对眼睛、皮肤、呼吸道有中度刺激性。

一般条件下嗪草酮的土壤半衰期为 28 天左右，对后茬作物较安全。黏质土壤、高有机质、高腐殖质、低温等环境条件下需要增加有效成分用量，土壤湿润有利于提高药效。

（三）扑草净（prometryn）

1. 理化性质

白色粉末，密度 1.15 g/cm³，20℃时的溶解度：水 33 g/L、丙酮 300 g/L、乙醇 140 g/L、甲苯 200 g/L、正辛醇 110 g/L。紫外光下易分解，土壤对扑草净的吸附主要受有机质含量影响，有机质含量越高土壤对扑草净的吸附能力就越大。

2. 生物活性

防除部分一年生禾本科杂草和阔叶杂草，如马唐、牛筋草、稗、马齿苋、反枝苋。

3. 使用方法

播后苗前土壤喷雾，有效成分用量 750~1125 g/hm²。可与乙草胺、2,4- 滴丁酯等药剂按一定比例复配。

4. 常见含量和剂型

25% 可湿性粉剂、40% 可湿性粉剂、50% 可湿性粉剂。

5. 作用机理

通过植物的根和叶片吸收有效成分并在叶部积累，抑制叶片的光合作用，最终杂草失绿干枯死亡。

6. 注意事项

扑草净对环境中低毒，对眼睛、皮肤和呼吸道有刺激作用。
沙质土壤不宜使用扑草净。

（四）西玛津（simazine）

1. 理化性质

白色粉末，常温下性质稳定，密度 1.302 g/cm³，20℃时的溶解度：水 6.2 mg/L、乙醇 570 mg/L、丙酮 1500 mg/L、甲苯 130 mg/L、正辛醇 390 mg/L、正己烷 3.1 mg/L。土壤中半衰期为 10.8~19.3 天。

2. 生物活性

防除一年生杂草，如马唐、牛筋草、狗尾草、画眉草、虎尾草、稗、苍耳、鳢肠、青葙、马齿苋、野西瓜苗、罗布麻、莎草、反枝苋、地锦、铁苋菜、藜等。

3. 使用方法

播后苗前土壤喷雾，东北春玉米田有效成分用量 2160~2700 g/hm²，其他地区夏玉米田用量 1620~2160 g/hm²。可与莠去津按一定比例进行混配。

4. 常见含量和剂型

50% 悬浮剂，50% 可湿性粉剂，90% 水分散粒剂。

5. 作用机理

通过植物根系吸收并输导至叶片，抑制光合作用导致杂草死亡。西玛津的选择性是通过在抗性植物体被代谢为无毒物质实现的。

6. 注意事项

西玛津对环境低毒，对眼睛、皮肤和呼吸道有中度刺激性。
西玛津在干旱、低温、低肥的条件下在土壤中的残留期可长达 1 年，后茬应避免种植小麦、棉花、大豆、水稻、十字花科蔬菜等。

（五）特丁津（terbuthylazine）

1. 理化性质

灰白色悬浮液体，比重 1.188 g/cm³，25℃时溶解度：水 8.5 g/L、丙酮 41 g/L、乙醇 14 g/L、辛醇 12 g/L、

己烷 0.36 g/L。土壤中半衰期大于 40 天。

2. 生物活性

对阔叶杂草的防除效果高于禾本科杂草，如马齿苋、反枝苋、马唐、牛筋草、狗尾草等。

3. 使用方法

播后苗前用药，有效成分用量 750~900 g/hm²。可与乙草胺、烟嘧磺隆等按一定比例混配。

4. 常见含量和剂型

50% 悬浮剂，80% 可湿性粉剂。

5. 作用机理

主要由根部吸收，叶片也能吸收，对刚萌发的幼苗效果好，通过抑制光合作用使杂草死亡。

六、有机磷类除草剂

有机磷类除草剂的应用是从 1958 年美国 Uniroyal Chemical 公司发现伐草磷开始的，这类除草剂大部分属于灭生性除草剂，对多种一年生和多年生杂草有良好的防除效果，主要用于非耕地、果园等，使用时要注意其对周围其他植物的危害。

（一）草甘膦（glyphosate）

1. 理化性质

无色晶体，常温下性质稳定，密度 1.74 g/cm³，25℃时在水中的溶解度 12 g/L，不溶于多种有机溶剂，如丙酮、乙醇、二甲苯等。草甘膦对土壤中微生物有强抑制作用，土壤对草甘膦有强吸附能力，在土壤中降解迅速，半衰期为 10.7~16.1 天。

2. 生物活性

可防除多种杂草，包括多年生杂草，如马唐、早熟禾、狗尾草、稗、牛筋草、看麦娘、益母草、苍耳、繁缕、碎米荠、紫苏、婆婆纳、猪殃殃、刺苋、地锦、酢浆草、藜、空心莲子草、野豌豆、苘草、香附子、马兰、车前、小飞蓬、双穗雀稗、艾蒿、鸭跖草、一年蓬、鱼腥草等。

3. 使用方法

玉米播种前茎叶喷雾，用于防除播种前就已经生长的一年生或多年生杂草。有效成分用量 1500~2250 g/hm²。可与 2- 甲 -4- 氯、2,4- 滴丁酯按一定比例进行混配。

4. 常见含量和剂型

38% 水剂、41% 水剂、30% 水剂，68% 可溶性粒剂、70% 可溶性粒剂，65% 可溶性粉剂、80% 可溶性粉剂。

5. 作用机理

通过植物叶片吸收并被传导到全株，作用于 5- 烯醇丙酮酰 - 莽草酸 -3 磷酸合酶（EPSPS），抑制芳香族氨基酸的合成。

6. 注意事项

草甘膦对环境低毒，对眼睛刺激性强，对皮肤和呼吸道也有刺激性。

草甘膦为灭生性除草剂，避免用药时漂移到其他作物或作物绿色部分接触药液。草甘膦遇土钝化，不能用于土壤处理。

晴朗、温暖的天气条件有利于草甘膦发挥药效。

草甘膦的其他化合物有草甘膦二甲胺盐、草甘膦钾盐、草甘膦钠盐、草甘膦异丙胺盐、草甘膦铵盐等产品，其使用方法与草甘膦相似。

（二）草铵膦（glufosinate-ammonium）

1. 理化性质

蓝绿色液体，比重 1.157 g/cm³，22 ℃时在水中的溶解度为 1370 g/L，有机溶剂中的溶解度低。紫外线下不易分解。

2. 生物活性

可防除多种一年生杂草，如马唐、牛筋草、狗尾草、稗、反枝苋、藜、铁苋菜、苘麻、马齿苋等，对再生能力强或多年生杂草的防效低。

3. 使用方法

玉米播种前，对已经出苗的杂草进行茎叶喷雾，有效成分用量 1050~2100 g/hm²。

4. 常见含量和剂型

10% 水剂、18% 水剂、30% 水剂、200 g/L 水剂。

5. 作用机理

属于灭生性除草剂，主要是触杀作用，略有内吸，可以在木质部通过蒸腾流传导，通过抑制谷氨酰胺合成酶活性，破坏植物的氮代谢，造成铵离子在细胞内积累，光合作用同时被抑制，最终使杂草死亡。

6. 注意事项

草铵膦对环境低毒，对眼睛有刺激性。

草铵膦属于灭生性除草剂，可用于抗草甘膦杂草的防除。杂草死亡速度介于百草枯和草甘膦之间。其他注意事项同草甘膦。

七、取代脲类除草剂

取代脲类化合物最早在 20 世纪 40 年代中期被报道具有除草活性，到 60~70 年代获得迅速发展。这类除草剂一般通过抑制光合作用和有毒物质的积累达到除草的目的。取代脲类除草剂的除草效果受光照、土壤质地、酸碱度、降水等环境因素的影响，目前在玉米上的应用面积越来越小。

（一）绿麦隆（chlortoluron）

又称 Dicuran。

1. 理化性质

白色粉末，密度 1.40 g/cm³，25℃时的溶解度：水 74 g/L、丙酮 54 g/L、二氯甲烷 51 g/L、乙醇 48 g/L、甲苯 3 g/L、正辛醇 24 g/L、乙酸乙酯 21 g/L。强酸或强碱下可缓慢分解。

2. 生物活性

对多种禾本科杂草和阔叶杂草有高的生物活性，可防除繁缕、反枝苋、藜、猪殃殃、婆婆纳、野燕麦、看麦娘、早熟禾等，对田旋花、锦葵、问荆等杂草无效。

3. 使用方法

播后苗前土壤喷雾或苗后早期（玉米 4 叶期前）茎叶喷雾。北方玉米田有效成分用量 1500~3000 g/hm²，南方玉米田 600~1500 g/hm²。

4. 常见含量和剂型

25% 可湿性粉剂。

5. 作用机理

植物通过根部吸收，叶片接触后有触杀作用，随蒸腾流在叶片积累，通过抑制光合作用系统 II 中的电子传递达到除草的目的。

6. 注意事项

绿麦隆对环境低毒，对眼睛、皮肤、呼吸道有刺激性。
土壤湿度大可提高绿麦隆的除草效果。土壤干旱或沙质壤土不宜使用绿麦隆，会影响药效或造成药害。
豆类、黄瓜、菠菜、油菜、苜蓿等阔叶作物对绿麦隆敏感。

（二）敌草隆（diuron）

1. 理化性质

无色晶体，熔点 158~159℃，密度 1.48g/cm³，25℃时的溶解度：水 42g/L、丙酮 53g/L、苯 1.2g/L、丁基硬脂酸盐 1.4g/L。

2. 生物活性

防除一年生禾本科杂草和部分阔叶杂草，如马唐、牛筋草、狗尾草、稗、反枝苋、藜等。

3. 使用方法

播后苗前土壤喷雾，有效成分用量 750~940 g/hm²。可与莠去津、2-甲-4-氯等按一定比例混配。

4. 常见含量和剂型

25% 可湿性粉剂、50% 可湿性粉剂、80% 可湿性粉剂。

5. 作用机理

通过根部吸收，茎叶吸收少，向上传导至叶片后抑制光合作用，使植物缺乏养分而死亡。黑暗条件下敌草隆不影响植物的气体交换，对植物没有影响，光照可加快植物死亡。

6. 注意事项

敌草隆对环境低毒，对鱼中毒，对眼睛、皮肤和呼吸道有刺激性。

沙壤土应减少有效成分的用量，有机质高的土壤应增加有效成分用量。

八、苯氧羧酸类除草剂

1942 年，合成的苯氧羧酸类除草剂 2,4- 滴丁酯揭开了选择性化学除草的序幕。阔叶植物对这类除草剂非常敏感，因此被大面积应用于禾谷类、甘蔗等作物田，玉米田的使用方式主要是播后苗前土壤处理或拔节前茎叶处理。

（一）2,4- 滴丁酯（2,4-D butylate）

1. 理化性质

无色或褐色油状液体，比重 1.24 g/cm³。对金属有腐蚀性；难溶于水，易溶于乙醇、丙酮等有机溶剂，易挥发，遇碱分解。

2. 生物活性

对阔叶杂草有高生物活性，如藜、离子草、苍耳、问荆、繁缕、莎草、反枝苋、萹蓄、葎草、马齿苋、独行菜、鸭跖草、蓼、刺儿菜、田旋花等，对禾本科杂草无效。

3. 使用方法

播后苗前土壤喷雾，东北春玉米田有效成分用量 769~940 g/hm²。可与乙草胺、莠去津等按一定比例复配。

4. 常见含量和剂型

57% 乳油、82.5% 乳油。

5. 作用机理

有强的内吸传导性，在植物体内抑制核酸代谢和蛋白质合成，杂草的生长点停止生长，茎部和叶片扭曲变形，筛管和韧皮部被破坏，丧失运输有机物的能力。根部由于细胞分裂异常，导致根尖膨大，丧失吸收能力。这些破坏最终导致植物死亡。

6. 注意事项

2,4- 滴丁酯易挥发，刺激性强，损伤肝、肾。

由于棉花、大豆、果树、蔬菜等阔叶植物对 2,4- 滴丁酯敏感，因此在一年两熟制地区的夏播玉米田不宜大范围使用。

2,4- 滴丁酯使用的喷药器械难以清洗，应专用，以避免对敏感作物造成药害。

其他相似的产品有 2,4- 滴、2,4- 滴钠盐、2,4- 滴钾盐、2,4- 滴异辛酯等。

（二）2- 甲 -4- 氯（MCPA）

1. 理化性质

无色晶体，25℃时的溶解度：水 734 mg/L、乙醇 1530 g/L、乙醚 770 g/L、甲醇 26.5 g/L、二甲苯 49 g/L、

庚烷 5g/L。

2. 生物活性

对阔叶植物生物活性高，如眼子菜、藜、蓼、苋、马齿苋、苍耳、苘麻、龙葵、问荆、野慈姑、牛毛毡等，对禾本科杂草无效。

3. 使用方法

玉米 4 叶期茎叶喷雾用药，有效成分用量 540~800 g/hm²。

4. 常见含量和剂型

13% 水剂、750 g/L 水剂，56% 可溶性粉剂。

5. 作用机理

2- 甲 -4- 氯的挥发性和药效速度低于 2,4- 滴丁酯，因此对作物的安全性高于 2,4- 滴丁酯。植物能通过根、茎、叶吸收，双子叶植物代谢缓慢，导致根、茎、叶扭曲畸形，不能传导和吸收养分，造成杂草死亡。禾本科植物能迅速代谢而失去毒性。

6. 注意事项

毒性和药害部分参考 2,4- 滴丁酯。
其他相似的产品有 2- 甲 -4- 氯异辛酯、2- 甲 -4- 氯钠、2- 甲 -4- 氯二甲胺盐等。

九、腈类除草剂

腈类除草剂品种比较少，有溴苯腈、碘苯腈、辛酰溴苯腈和辛酰碘苯腈等，主要用于防除禾谷类作物田的阔叶杂草。

（一）辛酰溴苯腈（bromoxyniloctanoate）

1. 理化性质

浅黄色固体，不溶于水，25℃时的溶解度：丙酮 100 g/L、甲醇 100 g/L、二甲苯 700 g/L。

2. 生物活性

对多种一年生阔叶杂草有生物活性，如藜、蓼、反枝苋、麦瓶草、龙葵、苍耳、猪毛菜、麦家公、田旋花、卷茎蓼等，对禾本科杂草无效。

3. 使用方法

苗后茎叶喷雾，杂草 2~4 叶期用药，有效成分用量 375~562.5 g/hm²。可与莠去津、烟嘧磺隆等按一定比例复配。

4. 常见含量和剂型

30% 乳油、25% 乳油。

5. 作用机理

叶片吸收后植物体内传导距离短，主要是触杀作用，通过抑制植物光合作用（光合磷酸化反应和电子传递）使叶片迅速失绿坏死，药效症状表现迅速。

6. 注意事项

辛酰溴苯腈对环境低毒，对眼睛、皮肤和呼吸道有刺激性，对水生生物中毒。

光照和温暖的气温有利于辛酰溴苯腈药效发挥，气温超过 35 ℃时安全性降低。

（二）辛酰碘苯腈（ioxyniloctanoate）

1. 理化性质

蜡状固体，熔点 59~60℃，低挥发性，常温下性质稳定，几乎不溶于水，25℃时的溶解度：丙酮 100 g/L、乙醇 150 g/L、氯仿 700 g/L、二氯甲烷 700 g/L、环己酮 550 g/L、二甲苯 550 g/L。

2. 生物活性

对一年生阔叶杂草有高生物活性，如藜、蓼、反枝苋、麦瓶草、龙葵、苍耳、猪毛菜、麦家公、田旋花、卷茎蓼。对禾本科杂草无效，对再生能力强或多年生阔叶杂草仅造成叶片枯死，并不能杀死整个植物。

3. 使用方法

苗后茎叶喷雾，杂草 2~4 叶期时用药，有效成分用量 540~765 g/hm^2。

4. 常见含量和剂型

30% 水乳剂。

5. 作用机理

属触杀型除草剂，叶片能迅速吸收，在植物体内传导距离短。通过抑制植物的光合作用、呼吸作用和电子传递，使叶片迅速枯死，药效症状表现迅速。

6. 注意事项

参考辛酰溴苯腈。

十、二硝基苯胺类除草剂

二硝基苯胺类除草剂是从 1960 年氟乐灵的开发而迅速发展起来的，这类除草剂播后苗前土壤处理的防除效果优于苗后茎叶处理，对禾本科杂草的防除效果优于阔叶杂草，因此主要应用于大豆、花生、甘蓝等阔叶作物田。

二甲戊灵（pendimethalin）

1. 理化性质

橙黄色晶状固体，熔点 54~58℃，密度 1.19 g/cm^3，光下缓慢分解，难溶于水，易溶于苯、甲苯、氯仿、二氯甲烷。

2.生物活性

对一年生禾本科杂草的生物活性高于阔叶杂草,可防除马唐、牛筋草、狗尾草、稗、早熟禾、藜、反枝苋、蓼等。

3.使用方法

播后苗前土壤喷雾,有效成分用量 750~1500 g/hm²。可与莠去津、扑草净等除草剂按一定比例混配。

4.常见含量和剂型

30% 乳油、33% 乳油、330 g/L 乳油,40% 悬浮剂,450 g/L 微胶囊悬浮剂。

5.作用机理

对杂草的萌发没有影响,通过下胚轴或幼芽吸收有效成分,抑制分生组织的细胞分裂,杂草的次生根和芽受到抑制而死亡。

6.注意事项

二甲戊灵对哺乳动物低毒,对眼睛、皮肤、呼吸道有刺激性,对水生生物高毒,废液等避免污染环境。

十一、苯甲酸类除草剂

苯甲酸类除草剂是从 20 世纪 50 年代开发豆科威和麦草畏开始的。这类除草剂能被植物迅速吸收和传导,并在分生组织中积累,干扰内源生长素的平衡。主要应用于小麦、玉米等禾谷类作物和草坪等防除阔叶杂草。

麦草畏(dicamba)

1.理化性质

无色晶体,熔点 114~116℃,密度 1.57 g/cm³,常温下性质稳定,25℃时的溶解度:水 6.5 g/L、乙醇 922 g/L、环己酮 916 g/L、二甲苯 78 g/L、甲苯 130 g/L、二氯甲烷 260 g/L、二恶烷 1180 g/L。

2.生物活性

对一年生和多年生阔叶杂草有生物活性,如猪殃殃、卷茎蓼、藜、牛繁缕、大巢菜、播娘蒿、苍耳、田旋花、刺儿菜、问荆、醴肠等,对禾本科杂草无效。

3.使用方法

苗后茎叶喷雾,玉米 3~5 叶期用药,有效成分用量 216~488 g/hm²。可与烟嘧磺隆等按一定比例混配。

4.常见含量和剂型

48% 水剂、480 g/L 水剂,70% 可溶性粒剂,70% 水分散粒剂。

5.作用机理

从作用方式上来说麦草畏属于激素类除草剂,由植物的叶片、茎和根吸收,通过木质部和韧皮部进行传导。麦草畏干扰敏感植物的核酸代谢,促进核糖核酸和蛋白质的合成,使细胞分裂异常,破坏韧皮部和薄壁细胞，影响根和芽的正常生长发育，造成叶片畸形、茎弯曲、根肿大、生长点萎缩、分枝增多等症状，15~20天杂草死亡。禾本科植物能迅速将其代谢为无害物质而表现耐药性。

6. 注意事项

麦草畏对环境低毒；误服后有消化道症状，如恶心、呕吐、腹痛、腹泻等；严重情况下损伤肝、肾。

麦草畏用于防除对 2,4- 滴丁酯有抗性的阔叶杂草。玉米田用药后会出现倾斜、匍匐等药害症状，一般 5~10 天可恢复正常，在此期间避免中耕以免加重药害。玉米拔节后禁止用药。由于阔叶作物对麦草畏敏感，应注意防护。

第四章

除草剂的药害

一、影响药害产生的因素

玉米田除草剂药害的产生主要由药剂漂移、除草剂过量使用、不良气候条件、误用、错用或混用不当及操作不正确、残留等原因造成，其中约有70%的药害是由不正确使用除草剂造成的。

（一）药剂方面

各种除草剂的化学组成不同、剂型及所含助剂、杂质的成分不同，对植物的安全性有很大的差别。一般来说除草剂的选择性可用选择性指数来表示，数值越大表明除草剂对作物的安全性越高，反之，则安全性越小。

$$选择性指数 = \frac{抑制作物生长10\%所需浓度（剂量）}{抑制杂草生长90\%所需浓度（剂量）}$$

▲ 图4-1 玉米田使用烟嘧磺隆、莠去津混剂对小麦的药害

（二）植物方面

不同种类的植物对药剂的敏感性及耐受性各有差异，如叶片蜡质层的结构差异、气孔的开张程度、茸毛的长短及有无等。例如，十字花科植物、桃树、梨树及杨树苗对各类药剂均表现出一定程度的敏感性。因此，施用除草剂的玉米田应合理安排后茬作物，以免造成药害事故（图4-1）。

（三）环境条件方面

施药时及施药后的环境条件，如降雨、刮风、高温等均能不同程度地加大药害的发生。在除草剂的施用过程中，如遇刮风，药剂的雾滴则会随风漂移至临近的作物，而引起不同程度的药害和损失；施药后短时间内降雨，则会将尚未被植物吸收的药剂冲洗至土壤，引起土壤中除草剂残留和后茬植物的药害。

二、药害的症状及类型

除草剂药害是指除草剂对非靶标农作物造成的伤害，包括对田间主要收获作物的伤害、对临近地块作物的伤害和对后茬作物的伤害等。除草剂的药害症状与其作用机制密切相关。

（一）光合作用抑制剂类除草剂

光合作用抑制剂类除草剂主要包括取代脲类除草剂、三氮苯类除草剂、脲嘧啶类除草剂及二苯醚类除草剂等。这类除草剂一般直接导致作物叶片失绿发黄、叶片产生黄褐色斑如灼烧状、叶斑边缘变红色等。例如，百草枯药害症状的出现较迅速，作物受害后光合作用很快终止，2~3 h后受害部位变色，植株失水萎蔫，组织坏死，整株枯死（图4-2）；扑草净在玉米上的药害症状为幼苗从叶尖开始发黄，如火烧样，后扩大至全叶；西玛津在玉米上的药害症状为叶片产生缺绿和枯斑，植株矮小，生长缓慢，严重的会因抑制光合作用而枯死；西玛津残效期较长、对后茬的水稻、棉花、大豆、小麦、大麦和十字花科等作物都易产生药害。

▲ 图 4-2 百草枯药害

（二）植物生物合成抑制剂

植物生物合成抑制剂主要包括抑制色素合成的除草剂二苯醚类、环亚胺类、三酮类和异噁唑类等；抑制氨基酸、核酸和蛋白质合成的除草剂包括有机磷类、磺酰脲类、咪唑啉酮类、磺酰胺类和嘧啶水杨酸类等；抑制脂肪酸合成的除草剂包括芳氧苯氧基丙烯酸酯类、环己烯酮类和硫代氨基甲酸酯类等。

丁草胺、甲草胺、敌稗、异丙甲草胺等酰胺类除草剂，可抑制蛋白酶的活性而使蛋白质无法合成，使作物芽和根系难以形成并停止生长，用量过大时引起玉米植株矮化，有的种子不能出土，生长受抑制，叶片变形，心叶不能伸展、卷曲，有时呈鞭状，其余叶片皱缩，根茎节肿大（图 4-3，图 4-4）。

▲ 图 4-3 乙草胺药害

▲ 图 4-4　乙草胺与莠去津混配所引起的药害

　　玉米苗后使用磺草酮、硝基磺草酮、异噁草酮，在过量或施药后遇低温可使玉米呈现黄色或白色，症状较轻时一般 7~10 天可恢复正常生长（图 4-5~ 图 4-7）。

▲ 图 4-5　磺草酮药害　　　　　　　　　　　▲ 图 4-6　磺草酮药害

烟嘧磺隆、玉嘧磺隆、氟嘧磺隆等，是广谱超高效除草剂，遇高温、低温、多雨或用量较大后会出现药害，主要症状为叶片发黄，症状较轻时可在 10~15 天后恢复生长（图 4-8~图 4-11）。

▲ 图 4-7　异噁草酮药害

▲ 图 4-8　烟嘧磺隆与有机磷杀虫剂混用对玉米的药害

▲ 图 4-9　烟嘧磺隆药害

▲ 图 4-10　玉嘧磺隆药害

▲ 图 4-11　噻吩磺隆药害

（三）干扰植物激素平衡的除草剂

干扰植物激素平衡的除草剂主要包括苯氧羧酸类、苯甲酸类和氨氯吡啶酸类等除草剂，代表品种主要有 2,4- 滴丁酯和 2- 甲 -4- 氯等，主要用于苗前土壤处理或苗后 3~5 叶期茎叶处理，防除阔叶杂草。这类除草剂往往在极低浓度下就起作用，并且由于植物的不同器官对这类药剂的敏感度不同，受害植物常可见到刺激与抑制同时存在的症状，导致植物产生扭曲与畸形。早春低温、使用时期过晚或过量，常会形成药害，主要表现为叶片扭曲，心部叶片形成葱叶状卷曲，并呈现不正常的拉长、叶色浓绿，严重时叶片变黄，干枯；果位上不能形成果穗，故常在植株下部节位上长出果穗，下部节间脆弱易断，根系不发达，侧根生长不规则。

（四）抑制微管与组织发育的除草剂

抑制微管与组织发育的除草剂主要是二硝基苯胺类除草剂，主要产品有二甲戊乐灵、氟乐灵等。其直接造成微管蛋白无法聚合，使处于分裂期的细胞纺锤体无法形成，使得细胞的有丝分裂停留于前期或中期，产生异常的多形核。由于细胞的极性丧失，液泡形成增强，一旦发生药害，伸长区会发生放射性膨胀，结果造成根尖肿胀。

三、药害的预防及补救

（一）玉米药害的预防

1. 正确选用玉米田除草剂

在充分了解除草剂品种特点的基础上，正确选用不同种类的除草剂，在用药时，必须根据各种药剂的性能特点、有效成分等认真把握用药的准确时期及用量，使用过早与用量太少均难以起到除草效果，使用过晚与用量偏大则可能对玉米造成伤害。同时，禁止在不完全了解各农药性能的情况下自行配制混合药剂进行病虫草害的综合防治。

2. 注意除草剂的残留药害和漂移药害

前茬作物小麦田除草慎用甲磺隆、绿磺隆等长残效品种；与玉米田相邻的地块在使用除草剂时，一定要根据作物的类型、除草剂的特性、环境条件等谨慎用药，防止药剂随风扩散到玉米田形成漂移药害。

3.选择合适的施药方法及适宜的施药时期

施药方法与作物的栽培模式息息相关，就目前而言玉米田除草剂的施药方式主要包括播后苗前土壤封闭及苗后茎叶处理等，而苗后茎叶处理要抓住玉米 3~5 叶期这个关键时期。

（二）药害症状的缓解及补救

1.急性药害的补救

（1）叶面淋洗

可用低浓度的表面活性剂进行喷雾淋洗，应在施药后最短的时间内进行。

（2）叶面喷肥

以喷施速效性叶面肥为主，根据作物的特点可适当喷施植物生长促进剂。在玉米受到激素类除草剂 2,4- 滴丁酯或内吸传导型除草剂的药害时，玉米心叶扭曲，个别次生根畸形，叶色较浅，生长缓慢，可及时喷施赤霉素和叶面肥。烟嘧磺隆造成的药害不建议使用激素类药剂缓解药害，但可用叶面喷施速效性叶面肥和烯腺嘌呤·羟烯腺嘌呤来缓解药害症状。

（3）加强水肥管理

目的是促进生长，增强植株的抗逆性。及时补施适量的氮肥和钾肥，一般每亩施 8~10kg，促使玉米迅速长出新叶，恢复正常生长发育。对土壤处理型除草剂造成的药害，可采用中耕或追施有机肥的方法，同时应加强田间管理，增强玉米植株的抵抗力。

2.慢性药害的预防和补救

（1）施用解毒剂及拮抗剂

除草剂的解毒剂可以减轻或消除除草剂对作物的药害。例如，萘酐是内吸型拌种保护剂，可在根和叶内抑制除草剂对作物的伤害，此类药物可使玉米免受乙草胺、丁草胺和异丙甲草胺等除草剂的伤害。

（2）加强水肥管理，加强中耕增加土壤的通透性，利于根的生长。

（3）除草剂使用扇形喷头来施药，减少药剂的重喷。

四、除草剂对土壤微生物和人畜毒性

（一）除草剂对土壤微生物的毒性

不同除草剂对真菌和细菌的影响是不同的。例如，莠去津和烟嘧磺隆对真菌的影响都是促进 - 抑制，而对放线菌的影响不同，莠去津是抑制 - 促进 - 抑制，烟嘧磺隆对放线菌的影响是抑制 - 促进。而且从使用过莠去津、烟嘧磺隆的土壤中分离出的真菌和细菌对这两种药剂的敏感性是不同的：有的表现为生长被抑制，有的表现为生长被促进。同时，在氟磺胺草醚施用后 15 天，细菌和真菌数量分别增加 351.61% 和 220.00%，之后均呈下降趋势，75 天后细菌数量减少 68.47%；施用氟磺胺草醚，土壤脲酶活性在 1 天、蛋白酶和过氧化物酶活性在 15 天和 45 天、过氧化氢酶活性在 1 天、15 天、75 天后都显著降低，而转化酶活性没有显著变化。通过以上研究可以发现除草剂对土壤微生物的毒性影响是根据除草剂的种类、微生物的种类的不同而不同的，因此要想阐明除草剂对土壤微生物的毒性则需要具体问题具体分析。

（二）除草剂对人畜的毒性

1. 除草剂对人畜的急性毒性

除草剂具有较高的选择毒性，一般对人畜的毒性较小。据报道，除草剂急性口服 LD_{50} 普遍大于 300 mg/kg，其中口服毒性最大的为氰草津（LD_{50}=182~334 mg/kg；小鼠），而像氟乐灵、丁草胺其 LD_{50} 均大于 10 000 mg/kg，属于绝对安全的品种。

2. 除草剂对人畜的慢性毒性

虽然除草剂在动物体内的作用靶标与植物近似，但除联吡啶类化合物外，大多数除草剂对动物的毒性很低，但是其潜在毒性应引起重视。在 2- 甲 -4- 氯的小鼠亚急性毒性实验中观察到小鼠表现为体重增加缓慢、粪卟啉增加、有贫血倾向、肝功能轻度损害、肝脏重量增加和肝细胞嗜酸性变，雄性小鼠睾丸萎缩和精子生成功能减退的现象，也有部分动物出现体重增长缓慢和尿胆元、粪卟啉增加倾向及脾脏的轻度含铁血黄素沉着等。而草胺膦的慢性毒性表现为：流涎、易动转变为嗜睡和不易动、震颤、共济失调、痉挛、小便失禁等临床症状，且在试验动物中出现了一只雌性动物和一只雄性动物死于心肌坏死引起的心脏和循环衰竭。虽然草胺膦无致癌、致畸作用，但是其有一定的生殖毒性，主要表现为产仔数减少、胎仔体重降低及一定的母体毒性。最新研究表明氨氟乐灵对大鼠的生长、肝脏功能、糖类代谢和脂代谢有一定影响。

第五章

玉米田杂草防治技术

第一节　玉米田杂草的综合治理及药剂减量化

杂草的防治可以追溯到人类起源的伊始，也就是说人类的历史就是与杂草相互斗争的历史。迄今为止，人类经历了人工除草、机械除草、火力除草等物理除草到化学除草的演变。化学除草是 19 世纪 40 年代发展起来的，以其作用速度快、防治彻底、经济效益高等优点而备受人们的青睐。但是近年来，长期、大面积、单一地应用后，化学除草剂也暴露出了诸多的弊端，如杂草的抗药性、农作物的药害、环境的恶化、生态平衡的破坏等越来越多的生存问题引发了人们的思考和重视。因此，应尽量应用化学防治之外的其他除草措施，即以无害化或药剂减量化为宗旨的杂草综合防治技术。

杂草综合防治是研究利用各种方法防治杂草的技术及原理。主要包括基于杂草预测预报和防治经济学基础上的杂草管理方法、杂草其他防治技术及其综合应用效应、杂草治理的理论和策略等。

一、农业措施

（一）精选种子

在玉米的春播、夏播或与小麦套播前，要经过种子精选，清除混杂在玉米种子里的杂草种子。

（二）深翻土壤、适当覆盖

在玉米播种前，采用机械将已出土的杂草深翻，可清除表土层的杂草；通过薄膜覆盖，可抑制杂草的光合作用，造成杂草幼苗死亡或阻碍杂草种子萌发，如利用不同颜色的地膜、涂有除草剂的药膜等进行覆盖，这样在控制杂草危害的同时，还能达到增温保湿的效果（图 5-1）；用秸秆、干草、有机肥料等材料覆盖，可获得同样的除草效果。

▲ 图 5-1　地膜覆盖闷草

（三）合理轮作

在传统的冬小麦 - 夏玉米一年两熟制的耕作中，夏玉米田间的杂草以马唐、牛筋草、狗尾草等为主。若进行合理的轮作，改为春玉米 - 冬小麦 - 夏玉米两年三熟制就能有效地减少杂草的发生。

（四）使用腐熟的粪肥

杂草种子往往会夹杂在粪肥、农作物秸秆、饲料残渣或剩余的农副产品中，这些材料若未经高温腐熟，遇降雨或气候适合种子便会萌发，如藜等杂草的种子可在自然界中存活数十年，这无疑增加了杂草的防治难度。因此，建议施用腐熟的有机肥，除了能很好地防除杂草外，还可有效地阻止病虫害的发展和蔓延。

（五）及时清理田边地头的杂草

道路两旁、地头或垄沟处往往是杂草滋生最为严重的地方，也是杂草防治的"盲区"。农民认为只有生长在耕地的杂草才会造成产量的损失，因此忽略了这些地方的杂草。杂草成熟后，种子随风雨自然传播，即使耕地中已经防治过杂草，杂草种子传播起来遇湿润气候便可萌发，造成危害（图 5-2）。

▲ 图 5-2　玉米田边路旁杂草丛生

二、物理防治

杂草的物理防治是指用物理措施或物理作用力，如机械、人工等，致使杂草个体或器官受伤受抑或致死的杂草防治方法。

（一）机械除草

利用各种耕翻、耙、中耕松土等措施进行播种前及各生育期除草，能铲除已出土的杂草或将草籽深埋，或将地下茎翻出地面使之干死或冻死，这是我国北方旱区目前使用最为普遍的措施。随着玉米机械化耕作的推进，除草机械的出现和应用引领了除草技术上的重大变革。除草机械主要用于玉米苗期杂草的防除，如中耕除草机，除草施药机等。

（二）人工拔除

依靠人力来有效地进行拔除、割刈或锄草，是最简单、但费时费力的一种除草方式。在玉米生长过程中，尤其是一些有机农业区域，可采取定期清洁农田环境，人工清除田间或田边的杂草；或作为药剂防治的辅助手段，对前期防治过程中遗漏的个别杂草进行人工拔除（图 5-3，图 5-4）。

▲ 图5-3 人工拔除黄顶菊（河北衡水，2008）

▲ 图5-4 人工拔刺果瓜幼苗（河北宣化，2014）

三、化学防治

杂草化学防治是采用化学合成的除草剂对杂草进行有效防除的方法。玉米田应用除草剂一般选择播后苗前至玉米3~5叶期之前。宜选用短持效的药剂、利用土壤位差选择性进行土壤封闭或土壤处理，防除位于土壤表层或浅土层的杂草；生长期宜选用选择性除草剂（如莠去津等），或选用草甘膦等灭生性除草剂、利用空间位差选择性进行茎叶处理，防除多数地上部杂草（图5-5）；玉米3~5叶期后，植株长势迅猛，杂草生长处于劣势，一般无需防治，个别地块辅以人工防治即可。

▲ 图5-5 刺果瓜施用除草剂后的受害症状

（一）土壤处理

一般分为苗前土壤处理、苗后土壤处理和苗前兼苗后土壤处理（图5-6）。

1.常用的土壤处理剂及用量

乙草胺（1080~1350 g·ai/hm²）
（精）异丙甲草胺（900~1020 g·ai/hm²）
二甲戊灵（990~1237.5 g·ai/hm²）
莠去津（1425~1710 g·ai/hm²）

2.注意事项

（1）根据土壤质地确定用药量
有机质含量高的土壤应提高除草剂的使用量，土壤墒情好的地块可适当降低除草剂的用量。
（2）提高整地质量充分发挥药效
土地平整、均匀有利于除草剂在土壤表面的均匀分布，不仅有利于药效的发挥，同时也可减少由于药剂施用不均对作物造成的药害。

（3）根据土壤墒情择机用药

土壤墒情对土壤处理除草剂的药效影响极大，土壤墒情差不利于除草剂药效的发挥。为了保证土壤处理除草剂的药效，在土表干燥时施药，应提高喷液量或施药后及时浇水。

▲ 图 5-6　玉米田土壤封闭效果图

（二）茎叶处理

一般分为玉米苗后早期进行茎叶处理和玉米中期封行前定向处理（图 5-7）。

1. 常用的茎叶处理剂及用量

苯唑草酮（50~75 g·ai/hm²）

（硝）磺草酮（144~240 g·ai/hm²）

烟嘧磺隆（52.5~60 g·ai/hm²）

氯氟吡氧乙酸（150~210 g·ai/hm²）

噻吩磺隆（22.5~25.9 g·ai/hm²）

2,4-滴丁酯及 2,4-滴异辛酯（645~915 g·ai/hm²）

2-甲-4-氯（900~1200 g·ai/hm²）

莠去津（1140~1425 g·ai/hm²）

溴苯腈（360~400 g·ai/hm²）

二氯吡啶酸（140~180 g·ai/hm²）

2.注意事项

（1）施药后遇低温或高温天气会降低除草效果，对作物的安全性也会降低。

（2）施药后需 6 小时无雨，才能确保药效。

（3）不宜与肥料混用，否则会造成作物药害。

▲ 图 5-7　玉米田茎叶处理效果图

（三）玉米田行间杂草的防除技术（补救措施）

1.草铵膦铵盐

用量一般为 1200~1500 g·ai/hm²，施用方法为定向茎叶喷雾。该药剂具有双向内吸传导作用，因而除草效果较为突出。但应注意对玉米的安全性，一定要到玉米株高 1 m 以上进行定向喷雾（必须在喷头上加保护罩），尽量避免药剂喷施到玉米的茎秆。

2.草铵膦

用量一般为 900~1200 g·ai/hm²，使用方法为定向茎叶喷雾。该药剂药效发挥速度较快。但应注意以下几点。

（1）根据草龄决定用量。

茎叶处理剂的使用量主要根据玉米对药剂的敏感期和杂草的草龄。一般禾本科杂草在3~5叶期，阔叶杂草在4~6叶期效果较好。

（2）适当加入渗透剂或表面活性剂，充分发挥药效。

许多助剂有利于增加除草剂在杂草叶片的均匀展布和渗透。

（3）湿度高利于药效发挥。

空气湿度大时，有利于杂草叶片气孔开张，同时延长了除草剂在叶片上滞留的时间。

（4）定向精准喷雾，降低使用量和增加安全性。

（5）不主张草甘膦（草铵膦）和复配制剂用于玉米田苗后除草。

四、杂草检疫

杂草检疫指人们依据国家指定的植物检疫法，运用一定的仪器设备和技术，科学地对输入和输出本地区、本国的动物、植物或其产品中夹带的立法规定的有潜在危害性的有毒、有害杂草或杂草的繁殖体（主要是种子）进行检疫监督处理的过程。

杂草种子因其体积小、数量多，很容易夹杂在动植物产品、货物外包装、各种铺垫材料、运输车（船）厢及其连接处等而传入非发生区，从而危害本土农业及生态体系的健康发展。近年来，黄顶菊、薇甘菊、刺萼龙葵等检疫性杂草的传入，使得我国对外来入侵杂草的研究和重视程度有所提高（图5-8，图5-9）。河北农业大学真菌毒素与植物分子病理学实验室于2013年在河北张家口玉米田发现了危害严重的刺果瓜，经文献查询发现，该植物于2007年在我国大连首次发现，何时传入河北尚无考证（图5-10）。因此，加强国内玉米产区之间的杂草检疫工作势在必行。

▲ 图5-8 黄顶菊危害玉米

▲ 图5-9 刺萼龙葵危害玉米

▲ 图5-10 刺果瓜危害玉米

五、杂草生物防治

杂草生物防治是研究利用杂草生物天敌控制杂草的技术及其原理。传统的生物防治是利用杂草的天敌进行有效防治，如牛、羊、鸭等动物食草，已不符合现代农业的发展规模；昆虫食草曾在仙人掌、空心莲子草、豚草等杂草的防治过程中作出过较大的贡献，但这些昆虫释放于田间后，对生态系统的平衡存在潜在的不确定因素。

▲ 图5-11　微生物除草剂PM1水剂的除草效果

▲ 图5-12　CB-4菌株颗粒剂

利用杂草的病原微生物及其代谢产物来防治杂草表现出了强劲的优势。哪些能使杂草严重感病、能够影响杂草生长发育的微生物，可被用来作为较佳的杂草生防资源。我国在微生物除草方面的研究起步较早。众所周知的'鲁保1号'就是最成功的产品之一，主要用于防治大豆菟丝子。至今，国内外已获得登记的微生物除草剂品种达数十种之多。河北农业大学真菌毒素与植物分子病理学实验室经多年研究筛选出PM1、CB-4、Ha1等除草活性菌株，并将其加工为水剂、颗粒剂等进行了室内试验，有望用于玉米田，解决生产上化学药剂的减量化问题（图5-11，图5-12）。

六、 除草剂的减量化防治技术

化学除草剂的长期大面积应用导致了一系列的环境问题和杂草抗药性等问题。但鉴于化学防治的彻底性、经济效益高、施用方便等特点，仍是当前不可或缺的主要防控措施。可以断定，在可预见的将来，化学除草剂仍是不可替代的一项杂草防除技术。

如何最大限度地减少化学除草剂的应用是目前科学家们关注的热点，因而化学药剂的减量化被提上了日程。除草剂减量化使用技术即通过农艺技术及化学手段来提高除草剂药效、达到使用低剂量药剂获得正常用药量相同或更高的除草效果的目的。目前可用于除草剂减量化使用的农艺技术手段包括：大田秸秆覆盖配合土壤苗前处理剂的方式；使用优良的喷雾机械例如弥雾机等。而化学手段包括：在喷施除草剂的药液中加入适量的助剂，如有机硅、甲基化大豆油等，都可以提高除草剂的渗透性，从而可以在除草剂使用剂量比建议用量低的条件下表现出良好的防除效果。目前较为有效的杂草防除措施是化学药剂与生物制剂联合应用，以及添加助剂或增效剂以提高药剂的药效，以达到最少施用化学除草剂的目的。可见，除草剂的减量化使用是发展循环农业、可持续发展农业的一项有效手段。

（一）化学除草剂与生物除草剂混用

许多化学除草剂与生物除草剂混用时能通过增效作用或加成作用提高除草效果，这是化学除草剂的优点之一，可以测定混合制剂中病原菌与除草剂的费用 - 效益比率来评价除草效果。这些制剂的应用实现了化学药剂的减量化。

早在 20 世纪 90 年代，美国就有报道将少量化学除草剂与细菌混合使用，化学除草剂使植物变弱，细菌继而将其杀死。巴西报道 *Bipolaris euphorbiae* 可与化学除草剂混用，防治很多种类的杂草，这种真菌的孢子在含有除草剂苯达松、氟磺胺草醚的培养基共培养时生长势没有减弱，说明该真菌活体孢子可与两种除草剂有效地混合。

（二）助剂的有效利用

近几年，杂草对磺酰脲类除草剂的抗药性问题日趋严重。使用助剂与药剂、作物、杂草、施药技术的最佳组合才能提高防效、减少药害，取得最大的经济和生态效益，可以有效降低药害、减少农药残留，利于环境保护。0.3% 甲基化植物油可以使同等剂量的苞卫（苯唑草酮）对谷莠子和苘麻的药效分别提高 1.5 倍和 1 倍；2% 磷酸脲可以有效降低草甘膦的田间 ED_{50}，提高药效（图 5-13）。可见，助剂在增加药效、治理抗药性方面的作用是非常重要的。河北农业大学真菌毒素与植物分子病理学实验室 2014 年在我国东北黑河、铁岭，内蒙古通辽和安徽宿州进行了除草剂的减量化试验，结果表明，添加有机硅和甲基化大豆油均可以减少化学除草剂 1/5~1/4 的用量，这样既节约了成本，又保护了环境。

不加助剂

添加助剂

▲ 图 5-13　助剂对除草效果的影响

第二节　不同栽培条件下玉米田杂草防治技术

一、保护性耕作模式下玉米田杂草防治技术

（一）耕作特点

西北玉米种植区主要包括陕西、甘肃的大部分地区及新疆的部分地区，种植制度为一年一熟。该地区夏季气温高，昼夜温差大，新疆、河西走廊有冰川融水灌溉，宁夏平原、河套平原有黄河水灌溉。但冬长夏短，寒潮影响大，春季沙尘暴频发，降水少，蒸发强，灌溉水源不足。针对干旱、水蚀严重

的特点，该区域种植制度主要以小麦或玉米一年一熟为主，采用保护性耕作技术，以增加土壤含水率和提高土壤肥力为主要目标，技术要点是蓄住降雨、减少蒸发、培肥地力、改善播种质量，技术措施以秸秆覆盖、免（少）耕播种、以松代翻为重点。玉米的种植方式主要为白色地膜全膜双垄沟播，这是甘肃旱作农业区重点推广的一项关键抗旱新技术，该技术集"膜面集雨、覆盖抑蒸、垄沟种植"三大技术为一体，从根本上解决了自然降水的有效利用问题，实现了旱作农业技术的重大突破，使地面始终处于全封闭状态，自然降水高度富集叠加，垄沟内土壤湿度大幅度提高，但在提高作物产量的同时也极易引起杂草大量发生。另外，一膜两用或多用种植技术面积大，即在前茬覆膜作物收获后的农闲期，不再耕翻土地，而是在原地膜上播种下茬作物，这样一次覆膜连续种植两茬或多茬作物。该技术可以延长地膜使用期，降低生产成本，提高土壤水分含量；冬春季节增加地温、增强土壤微生物活性，使土壤保持良好的通透性；减少水土流失，特别是减少冬春季土壤的风蚀和水蚀，对改善生态环境具有重要的作用。

（二）杂草种类

西北地区玉米田杂草主要包括狗尾草、野稷、无芒稗、马唐、反枝苋、藜、小藜、灰绿藜、田旋花、打碗花、卷茎蓼、萹蓄、猪殃殃、苣荬菜、刺儿菜、铁苋菜、水棘针、蒙古蒿、地锦、地肤、角茴香、马齿苋等20余种，其中马齿苋、蒙古蒿、马唐等在局部地区危害严重。在玉米田杂草中，危害性最大、最难防治的是具有地下根茎的多年生杂草，因为它们的地下根茎被切断之后具有再生能力，相对比较容易防治的是一年生阔叶杂草。

（三）防治技术

玉米田杂草的防治方法有人工除草、畜力除草和化学除草三种方式。

1. 人工、畜力除草

在玉米苗出齐后，进行浅锄松土，以破除地表硬壳，铲除杂草，提高地温，促进幼苗根的生长。一般要进行二次中耕，第一次结合定苗，中耕深度3~5 cm，第二次在拔节前进行，为促进次生根深扎，要深趟，深度为9~12 cm。

玉米生育期间正值高温、高湿季节，人工、畜力除草十分困难，且除草效果不理想，因为人工、畜力除草后若不及时清除杂草残体，则很快又重新生长。而畜力除草时，由于牲畜行走不直，往往会出现伤苗和压苗的现象。

2. 化学除草

化学除草的方法简便易行，省工省力，所用成本与人工除草相比低，除草效果也相对较好，一般能达到90%以上，且能做到防治一次即可保持全生育期的防效。此外，化学除草可减少田间作业伤苗，化学除草一般是播后、出苗前喷药，对幼苗没有损伤。玉米常用的除草剂是阿特拉津、乙草胺、二甲戊乐灵、异丙甲草胺、绿麦隆等。其中效果最好的是莠去津，但是由于玉米一般是与小麦轮作，玉米收获后接种小麦，而小麦对莠去津反应敏感，用药过量易导致小麦死苗，所以生产上一般将莠去津与其他除草剂混用。

玉米不同的生育期化学除草应采用不同的方法。

（1）播前土壤处理

玉米播种前，将地整平，散开粪肥，打碎土块，多选用48%莠去津可湿性粉剂250~300 g/667 m² 或90%莠去津水分散粒剂160~190 g/667 m²、70%乙·莠·氰草津悬浮剂200~250 g/667 m²、48%乙·莠可湿性粉剂200~250 g/667 m²，兑水45 kg/667 m²，均匀喷施于地表，浅耙混土后播种。莠去津除草效果好，对玉米安全，但持效期长，使用不当则影响后茬作物，因此要严格掌握用量，施药均匀周到，避免重喷和漏喷。除草效果与土壤墒情密切相关，土壤湿度大有利于药效的发挥，墒情差则药效差，因此施药后应及时浅混土以利保墒；如果长时间干旱，在施药前最好灌一次水，使土壤有良好的墒情以利药效的发挥。

上述除草剂也适用于甘肃大面积推广的全膜双垄沟播玉米，田间应用程序为起垄 - 施药 - 覆膜 - 播种。

（2）播后苗前土壤处理

露地玉米播种后、出苗前，多选用 48% 莠去津可湿性粉剂 250~300 g/667 m² 或 90% 莠去津水分散粒剂 160~190 g/667 m² 或 42% 异丙草·莠悬浮剂 200~250 mL/667 m²、42% 甲·乙·莠悬浮剂 300~350 mL/667 m²、40% 氰津·乙草胺悬浮剂 22~275 mL/667 m²、70% 乙·莠·氰草津悬浮剂 200~250 g/667 m²、48% 乙·莠可湿性粉剂 200~250 g/667 m²、70% 嗪草酮可湿性粉剂 50~60 g/667 m²，兑水 45 kg/667 m²，均匀喷施于地表。

（3）苗期茎叶喷雾

玉米出苗后、杂草 3~5 叶期，多选用 4% 烟嘧磺隆悬浮剂 100~120 mL/667 m² 或 30% 辛酰溴苯腈乳油 100~120 mL/667 m²、40% 2 甲·辛酰溴乳油 100~120 mL/667 m²、200 g/L 氯氟吡氧乙酸乳油 80~100 mL/667 m²（该除草剂对藜无效）、10% 硝磺草酮可分散油悬浮剂 150~200 mL/667 m²、24% 烟嘧·莠去津可分散油悬浮剂 100~120 mL/667 m²、30% 苯唑草酮悬浮剂 12~15 mL/667 m²、30% 苯唑草酮悬浮剂 6 mL/667 m² 加专用助剂 90 mL/667 m² 加 90% 莠去津水分散粒剂 70 g/667 m²，兑水 45 kg/667 m²，进行茎叶均匀喷雾处理。

（4）苗期定向喷雾

玉米长至 40~60 cm 高时，可选用 41% 草甘膦异丙胺盐水剂 200~300 倍液在玉米行间定向喷雾。施药时喷头要安装防护罩，采用低压力、大雾滴对玉米行间及株间杂草进行定向喷雾处理，尽量避免将药液喷到玉米茎叶上。施药应选择无风天气进行，避免药液飘移到邻近作物上。

二、深松改土模式下玉米田杂草防治技术

（一）耕作特点

土壤的理化特性、结构特点与作物的产量相互影响，二者密切相关。土壤紧实度直接影响作物对养分的吸收，影响作物生长发育和产量形成。因此，土壤的质量决定玉米的产量，同时也关系到土壤的可持续利用和作物的高产稳产。然而，传统的耕作制度容易导致耕层底部形成坚硬的犁底层，不仅阻碍降水及时渗入土壤而形成地表径流，造成水土流失，而且阻碍植物根系的穿扎，抑制作物的生长发育，降低作物产量。研究发现，降低土壤紧实度不仅增加玉米根的干重和长度，还增加玉米各器官的氮、磷、钾含量，促进玉米产量增加。东北地区土壤紧实、耕层变浅已经成为限制春玉米产量增长的瓶颈。自 2008 年，吉林省政府大力推广机械化深松整地技术，对改善土壤蓄水保墒能力、提升粮食产量起到了明显的改善作用。现今，该项技术已在我国内蒙古、山西和东北地区普遍实行。2010 年 12 月，农业部发布了《全国农机深松整地作业实施规划（2011~2015 年）》，要求"十二五"期间，全国适宜地块每 3 年要深松一次。可见，深松整地技术对提高作物产量发挥了重要作用。

1. 深松改土的耕作方式

深松是利用机械铲在 40 cm 深的土层进行耕作而不翻转土壤的耕作方式，其可以破坏坚硬的犁底层，加深耕作层，适于经长期耕翻形成犁底层、耕层薄不宜深翻、土壤相对贫瘠的土地。玉米田深松方式主要包括间隔松土和全方位深松。间隔松土是指耕松一部分耕层，另一部分保持原有状态，造成行间、行内虚实结构并存。玉米长至 5~6 叶期时，在行间对土壤进行 25~30 cm 的深松，这不仅有利于土壤蓄水，而且促使玉米根系向纵深方向发育。全方位松土，是指对整个作业地块的耕层进行全面深松，适宜初次深松，适合于低洼地块的蓄水排涝，一般 2~4 年深松一次。黑龙江、吉林、辽宁、内蒙古东部、山西等地一些土壤贫瘠地块适宜进行深松，可根据地块的实际情况选择全面深松或间隔深松。

2. 深松改土的作用特点

吉林对连续 5 年深耕的土壤进行调查，结果发现，深松地块土壤通透性增强，作物根系发育有所改善，抗倒伏能力增强，土壤蓄水能力总体呈上升趋势，这些改善对提高作物产量发挥了积极作用。深松耕作的特点主要有以下 5 个方面。

（1）打破犁底层，熟化底土，改善土壤结构。

（2）利于作物根系深扎，增强了玉米叶片光合作用和玉米生长后期叶、茎秆向籽粒的转运能力，提高了玉米产量。

（3）提高土壤的蓄水能力。

（4）表层土壤不深埋，后茬作物可充分吸收前茬作物养分。

（5）深松深度一般在 30~40 cm，消除重力机械造成的土壤压实。

3. 深松与免耕相结合的耕作特点

不同的机械松土方式不同，目前主要有挤压松土和振动松土两种方式。深松部分通气良好、接纳雨水，未深松的部分土壤紧实利于提墒，利于根系生长和增强作物抗逆性。

（二）杂草种类

春玉米区杂草种类繁多，主要有稗、马唐、狗尾草、藜、反枝苋、鸭跖草、苘麻、苍耳、铁苋菜、马齿苋、小蓟、蓼、繁缕、车前草、打碗花、牵牛、苣荬菜、苦荬菜、龙葵、大蓟、小飞蓬、牛膝菊、北山莴苣、香薷、野西瓜苗、节节草、酢浆草、地锦、虎尾草、葎草及多年生蒿类等。东北春玉米区杂草以稗、马唐、狗尾草、反枝苋、藜、蓼、鸭跖草、苍耳、野艾蒿等为主。内蒙古东部地区、山西春玉米区和东三省情况相似，主要杂草种类差别不大。土壤经过深松后，杂草的优势群体和杂草数量稍有变化，深松田杂草数量略增加，但总体杂草发生种类与普通耕作方式差异较小。深松田杂草发生密度比普通耕作模式有所提高。

（三）防治技术

1. 苗前封闭处理

（1）主要药剂

苗前除草主要是播种后喷施封闭剂，使用除草剂时要谨慎选择。玉米田使用的封闭除草剂主要有乙草胺、丁草胺、噁草酮、莠去津、扑草净、2,4-滴丁酯、嗪草酮等，但生产实践中以它们的复配制剂为主。

（2）使用方法

种子播种结束，可喷施封闭除草剂，首先详细阅读除草剂使用说明书，根据天气状况和土壤湿度选择适宜时机，进行土壤表面喷雾，喷施要均匀，以土壤表面湿润即可。使用封闭剂的田块要确保土壤墒情好，平整，地表土壤精细。

2. 苗后除草

（1）主要药剂

玉米田杂草的防除，一般不进行二次施药，特别是激素类除草剂，以免产生药害。一般是苗前错过施药期，选择苗后药剂防除杂草。常用的玉米田苗后除草剂有莠去津、硝磺草酮、烟嘧磺隆、氯氟吡氧乙酸、2,4-滴丁酯、二氯吡啶酸，或其复配制剂等。苗后除草剂的施用可根据杂草种类、草龄大小，天气状况而选择具有针对性的除草剂。

（2）使用方法

大多数苗后茎叶喷雾用除草剂，施药时期在玉米 3~5 叶期，大部分杂草 2~6 叶期，施药时避开作物敏感期（玉米刚出土时，即玉米1叶1心期）。施药时还应避开高温高湿或大风降温天气，以防产生药害或降低药效，一般应选择晴朗无风的天气、下午5时以后，温度18℃以上，用药较为安全。对于苗前施用封闭药剂，且杂草防除不佳的田地，尽量避开与苗前同类除草剂，使用剂量上宜比说明书的正常用量低一些。

三、贴茬直播模式下玉米田杂草防治技术

（一）耕作特点

黄淮海夏玉米区地处黄河、淮河、海河中下游，包括河北中南部、山东全部、河南全部、陕西中部、山西南部、江苏北部、安徽北部，属温暖带半湿润气候，夏季温热多雨，且多集中在6~9月，对夏玉米的生长发育极为有利，是我国玉米主产区之一。该区域一般多采用冬小麦 - 夏玉米复种轮作制，其种植方式大多为冬小麦 - 夏玉米两茬平播。一般在每年的5月底、6月上中旬收获冬小麦，而后免耕直接播种夏玉米，玉米在9月底、10月初收获，收获后播种冬小麦。目前在该区域部分地区采用冬小麦套播夏玉米，即在小麦收获前7~20天播种夏玉米，以使夏玉米生育期相应的延长而增加产量。

（二）杂草种类

马唐、升马唐、狗牙根、稗、牛筋草、画眉草、狗尾草、香附子、阿穆尔莎草、碎米莎草、䅟草、马齿苋、反枝苋、凹头苋、藜、龙葵、打碗花、田旋花、苘麻、芦苇、白茅、虎尾草、苍耳、苦苣菜、裂叶牵牛、龙葵、地肤、鸭跖草等。

（三）防治技术

黄淮海夏玉米区一般在5月下旬至6月上中旬播种，此时田间湿热多雨，非常适于杂草的生长，甚至玉米播种时已有相当多的杂草出苗，如不及时防除，容易造成草荒引起玉米减产。由于该区域从事农业的人力资源匮乏且机械化程度较高，因此杂草的防治主要以化学除草为主。

1.播后苗前化学除草

土壤墒情较好时在玉米播种后出苗前对玉米田进行封闭除草，可喷施酰胺类除草剂（如乙草胺、甲草胺、丁草胺、异丙甲草胺等）及三氮苯类除草剂（如莠去津、扑草津等），可有效防治一年生禾本科杂草及部分一年生阔叶杂草。也可喷施除草剂混剂，如乙草胺和莠去津混剂（乙阿合剂等）、扑草津和莠去津混剂等，除草效果也十分理想。但是地上残留麦茬较多时，播后苗前封闭除草效果会受影响，因此在这种情况下应尽量选择苗后化学除草。

2.苗后化学除草

对于土壤墒情差、残留麦茬多的地块在玉米出苗后喷施茎叶处理剂进行苗后除草。一般在玉米3~5叶期，采用玉米行间定向喷施，将药液直接喷施在杂草的茎叶上，还应在喷雾器喷头上添加定向装置，以免伤及玉米。可喷施磺酰脲类除草剂，如烟嘧磺隆、玉嘧磺隆等，也可喷施烟嘧磺隆和莠去津混剂，可有效防治禾本科杂草、莎草科杂草和部分阔叶杂草等。如果前期因天气炎热、多雨等原因未来得及施药，在玉米生长中后期可喷施草甘膦等灭生性除草剂，对杂草定向喷雾，尽量避免将药液喷到玉米茎叶上，同时注意人畜安全。

喷施除草剂应根据土壤墒情、玉米品种及生长发育的时期、杂草种类及生长时期、周围作物情况等多种因素，综合考虑，选择合适的除草剂。应仔细阅读所购除草剂的使用说明书，严格按照推荐剂量和方法使用，不得随意加大或减少药量。需要混用时，要在专业人员的指导下配制和使用，还须确保玉米和下茬作物的安全。

四、西南山区多熟制玉米田杂草防治技术

（一）耕作特点

西南地区地形复杂，间套作是该区玉米的重要特点。近几年，在劳动力紧张、机械化程度高的地区玉米净作面积呈扩大趋势。在该区种植模式主要有以下几种。

1. 平原与浅丘区以玉米为中心的三熟制

以小麦、玉米、甘薯或小麦、玉米、大豆间套种为主；部分小麦、油菜收获后复播夏玉米，其中夏玉米净作面积比例较大。

2. 丘陵山区间套复种玉米区

主要是小春作物（马铃薯、油菜、小麦、大麦、蚕豆、豌豆等）套种、复种玉米。

3. 高寒山区

以一年一熟春玉米为主，部分马铃薯、春玉米带状间作、套作或春玉米套作大豆、甘薯。

4. 地区种植

在云、贵南部地区发展一部分冬种玉米。

5. 行间套作

玉米行间套蔬菜、木薯、西瓜或蘑菇等经济作物。

（二）杂草种类

西南地区玉米生长季节气候湿润多雨，杂草种类繁多。四川玉米田主要杂草有马唐、牛筋草、狗尾草、稗、铁苋菜、辣子草、荠菜、凹头苋等。云南玉米田以一年生杂草发生较为普遍，危害严重的禾本科杂草主要有马唐、稗等，阔叶草以牛膝菊、胜红蓟、苦荞麦、腺梗豨莶、尼泊尔蓼、残裂苞、铁苋菜和鸭趾草为主，莎草科杂草以香附子和碎米莎草局部有危害。湖北北部地区夏播玉米田以禾本科杂草为主兼与阔叶杂草混生，常见杂草有马唐、狗尾草、牛筋草、稗、藜、马齿苋、铁苋菜、小蓟、香附子、碎米莎草等。湖北西南部山区主要有马唐、铁苋菜、野蒿、刺儿菜、婆婆纳、猪殃殃、繁缕、小旋花、簇生卷耳、大巢菜、小飞蓬和小巢菜等。

（三）防治技术

1. 播后苗前土壤处理

对于单作玉米田，在玉米播种后出苗前土壤较湿润时，趁墒对玉米田进行"封闭"除草，或在玉米覆膜前喷洒。土壤干旱时小浇一水或施药前有降雨效果好。可选用乙草胺、二甲戊灵、莠去津等按推荐剂量施用。

间套作玉米田，需选择对两种作物都安全的除草剂，或可选择有色地膜控制杂草。

2. 苗后茎叶处理

在玉米 3~5 叶期，进行化学防治。禾本科杂草较重田块宜选用烟嘧磺隆，阔叶杂草较重田块宜选用莠去津和氯氟吡氧乙酸加 2- 甲 -4- 氯，禾本科杂草与阔叶杂草混生田块宜选用二甲戊灵加莠去津、乙草胺加莠去津、烟嘧磺隆加莠去津、甲草胺加莠去津按推荐剂量施用。

3. 玉米生长中后期处理

杂草发生较重的田块，可用草甘膦对杂草进行定向喷雾，施药时应加装定向喷雾罩，以免喷到玉米植株上造成药害。

第三节　除草剂药效试验及调查

一、杂草发生情况调查

根据不同的农田类型、土壤类型等因素，选定调查样点。每样点选取10块田，依据7级目测法按杂草种类记载其目测级别，再在每个田块中取10个1 m² 有代表性的样点，调查其中杂草种类、危害程度及株高等。杂草危害程度按表5-1进行目测分级，按表5-2所列公式分别计算某种杂草的危害率，通过样点小结就可知道所调查地块有多少种杂草，哪几种是主要危害者，全田的危害率也可算出。

为进行科学地计算，可采用分析软件包（SAS，SPSS等）对每个样点获得的各种杂草的危害率进行聚类分析，这些样点会分成不同的样点集群，杂草群落结构相似的那些样点通常会聚在一起，而这些样点大多具有比较一致的农田生态条件。

表5-1　杂草群落优势度7级目测分级标准（强胜和李扬汉，1990）

优势度级别（危害度级别）	赋 值	相对盖度（%）	多 度	相对高度
5	5	> 25 > 50 > 95	多至很多 很多 很多	上层 中层 下层
4	4	10~25 25~50 50~95	较多 多 很多	上层 中层 下层
3	3	5~10 10~25 25~50	较少 较多 多	上层 中层 下层
2	2	2~5 5~10 10~25	少 较少 较多	上层 中层 下层
1	1	1~2 2~5 5~10	很少 少 较少	上层 中层 下层
T	0.5	< 1 1~2 2~5	偶见 很少 少	上层 中层 下层
0	0.1	< 0.1 < 1 < 2	1~3 株 偶见 很少	上层 中层 下层

注：相对盖度为单位面积杂草覆盖所占的百分率。

表5-2　农田杂草危害状况调查表

调查日期：　　　年　　月　　日
调查人：

杂草名称	危害程度（级别）										出现频率（%）	危害率（%）	杂草均高（cm）	作物均高（cm）
	1	2	3	4	5	6	7	8	9	10				
马唐	5	4	5	5	3	5	4	4	4	4	100	86		
⋮														
样点小结														

二、除草剂药效试验设计及调查方法

（一）药效试验设计方法

除草剂的药效试验一般采用随机区组设计和对比法设计。

1. 随机区组设计

随机区组设计是药效试验中最为广泛应用的方法。为了尽量减少地块中地力、肥力、病虫害发生及田间管理上的差异，将试验区先划为几个重复（即区组），每个重复中对照和处理一起进行随机排列，各重复中的处理数相同，各处理和对照在同一重复中只出现1次（图5-14为3个处理3次重复的试验设计）。

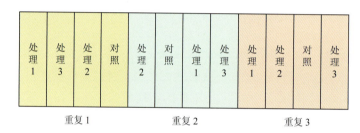

▲ 图5-14　随机区组田间试验设计

2. 对比法设计

为了充分展示药剂处理的效果，可采用对比法设计。此法多用于成熟技术的推广和示范，特点是每隔2个处理区设置一个对照区，效果直观明了。缺点是对照设置较多、土地利用率小，土壤地力差异较大时无法进行统计分析（图5-15）。

▲ 图5-15　对比法田间试验设计

（二）除草剂药效调查方法

1. 目测法

可参考9级目测法（GB/T 17980.42—2000）进行，调查步骤如下。

（1）了解和熟悉田间杂草的分布和危害情况。

（2）目测空白对照区的杂草总覆盖度及各种杂草的危害率。

（3）调查处理区的杂草总覆盖度及各种杂草的危害率，与空白对照区进行比较，定出该区的除草级别。目测防效的分级标准如下。

1级：无草；

2级：相当于空白对照的0.0%~2.5%；

3级：相当于空白对照的2.6%~5%；

4级：相当于空白对照的5.1%~10%；

5 级：相当于空白对照的 10.1%~15%；

6 级：相当于空白对照的 15.1%~25%；

7 级：相当于空白对照的 25.1%~35%；

8 级：相当于空白对照的 35.1%~67.5%；

9 级：相当于空白对照的 67.6%~100.0%。

2. 定量调查法

杂草苗期或植株较小时，调查一定的取样面积上的杂草总株数，以下列公式计算防效。因杂草在不同的生境下，其株高和体积相差很大，数量难以正确地反映其真实发生情况。

（1）杂草株防效

调查一定地块面积内的杂草总株数，按照以下公式计算防效。

$$杂草株防效 = \frac{对照区杂草株数 - 处理区杂草株数}{对照区杂草株数} \times 100\%$$

（2）杂草鲜重防效

将一定地块面积内的杂草地上部剪下，及时称重，按照以下公式计算防效。

$$杂草鲜重防效 = \frac{对照区杂草鲜重 - 处理区杂草鲜重}{对照区杂草鲜重} \times 100\%$$

主要参考文献

陈庆华, 周小刚, 郑仕军, 等. 2010. 四川省玉米田杂草化学防除技术研究. 杂草科学, (3): 38-39.

崔东亮, 王智琴. 2006. 除草剂对植物和动物共有靶标的毒性机制. 现代农药, 5(4): 37-40.

杜兵, 李问盈, 邓健, 等. 2000. 保护性耕作表土作业的田间试验研究. 中国农业大学学报, 5(4): 65-67.

樊翠芹, 王贵启, 李秉华, 等. 2009. 不同耕作方式对玉米田杂草发生规律及产量的影响. 中国农学通报, 25(10): 207-211.

李少昆. 2011. 西南玉米田间种植手册. 中国农业出版社.

李有明, 金黎明, 马现斌, 等. 2010. 鄂北夏玉米田间杂草的化学防除技术. 农村经济与科技, 21(6): 150.

梁巧玲, 马德英. 2007. 农田杂草综合防治研究进展. 杂草科学, (2): 14-15.

刘春学, 王玉林, 李华臣. 2006. 利用"时差选择"防治稻田水渠杂草. 北方水稻, (1): 48-49.

卢向阳. 2003. 茎叶处理型除草剂使用中应注意的问题. 农药科学与管理, 24(8): 25-27.

卢信, 赵炳梓, 张佳宝, 等. 2005. 除草剂草甘膦的性质及环境行为综述. 土壤通报, 36(5): 785-790.

梅必主. 1990. 鄂西南山区旱田杂草的种类、分布及危害调查初报. 湖北农业科学, (7): 20-21.

梅红, 李天林, 王琳, 等. 2002. 云南省玉米地杂草发生危害及防治初步研究. 云南农业大学学报, 17(2): 150-153.

慕立义. 1994. 植物化学保护研究方法. 中国农业出版社: 212-219.

钱文恒, 靳伟, 李德平, 等. 1982. 除草醚在土壤中持留研究. 环境科学, 3(6): 36-39.

强胜, 李扬汉. 1990. 安徽沿江圩丘农区夏收作物田杂草群落分布规律的研究. 植物生态学报, 14(3): 212-219.

强胜. 2001. 杂草学. 中国农业出版社.

苏美霞, 李玉宏. 2011. 玉米深松改土保护性耕作技术及其效应试验研究. 现代农业科技, (6): 55.

苏少泉. 1979. 均三氮苯类除草剂的新进展. 农药工业译丛, (2).

苏少泉. 1988. 茎叶处理除草剂的吸收与使用. 现代化农业, (3): 9-14.

王群, 张学林, 李全忠, 等. 2010. 紧实胁迫对不同土壤类型玉米养分吸收、分配及产量的影响. 中国农业科学, 43(21): 4356-4366.

王险峰, 关成宏, 范志伟, 等. 2011. 磺酰脲类除草剂应用与开发. 农药, 50(1): 9-15.

王险峰, 关成宏. 1998. 常见除草剂药害症状诊断与补救. 农药, (4): 35-40.

王险峰, 关成宏. 2002. 植物对苗后除草剂的吸收与传导及影响药效的因素. 现代化农业, (3): 7-9.

魏守辉, 张朝贤, 翟国英, 等. 2006. 河北省玉米田杂草组成及群落特征. 植物保护学报, 33(2): 212-218.

许泳峰. 1986. 敌稗在稻属植物体内的吸收和分解. 沈阳农业大学学报, (2).

叶贵标. 1999. 除草剂作用机理分类法及其应用. 农药科学与管理, (1): 32-35.

战秀梅, 李秀龙, 韩晓日, 等. 2012. 深耕及秸秆还田对春玉米产量、花后碳氮积累及根系特征的影响. 沈阳农业大学学报, 43(4): 461-466.

张慧丽, 王文众. 2000. 东北地区农田主要杂草种类及其地理分布. 沈阳农业大学学报, 31(6): 565-569.

张建华, 范志伟, 沈奕德, 等. 2008. 外来杂草飞机草的特性及防治措施. 广西热带农业, (3): 26-28.

Li P, He S, Tang T, et al. 2012. Evaluation of the efficacy of glyphosate plus urea phosphate in the greenhouse and the field. Pest Management Science, 68(2): 170-177.

Nemoto M C Mallasennahas, ElyPitelli, R Antoniocoelho, et al. 2002. Germination and mycelial growth of *Bipolaris Euphorbiae* Muchovej & Carvalho as influenced by herbicides and surfactants. Brazilian Journal of Microbiology, 33(4): 352-357.

Zhang J, Jaeck O, Menegat A, et al. 2013. The mechanism of methylated seed oil on enhancing biological efficacy of topramezone on weeds. Plos One, 8(9): e74280.